W0263928

Physikalische Grundbegriffe.

Von

P. Johannesson,

Oberlehrer am Sophienrealgymnasium in Berlin.

Mit 54 Figuren auf 3 lithographierten Tafeln.

Springer-Verlag Berlin Heidelberg GmbH 1902

Additional material to this book can be downloaded from http://extras.springer.com

ISBN 978-3-662-31925-3   ISBN 978-3-662-32752-4 (eBook)
DOI 10.1007/978-3-662-32752-4

Vorwort.

Das vorliegende Heft ergänzt die „Physikalische Mechanik" des Verfassers zu einem Buch, welches an höheren Lehranstalten dem Anfangsunterricht in der Physik zugrunde liegen soll. Das Gebotene ist eine Vorstufe nicht in dem Sinne, daß es das Gesamtgebiet der Physik leichthin behandelt, um die gedankliche Durchdringung der Oberstufe zu belassen, sondern eine Vorstufe insofern, als jene Grundbegriffe und Beobachtungsverfahren möglichst restlos behandelt sind, die in den meisten verwickelteren Anschauungen und Verfahren der Physik Verwendung finden.

Als unerläßliche Bedingungen für den Erfolg des Unterrichtes wurden Bescheidenheit in der Auswahl und Ebenmaß in der Darstellung des Lehrstoffes angesehen. Aus Gründen der Bescheidenheit ist nur so viel enthalten, als von Untersekundanern bei drei wöchentlichen Lehrstunden bewältigt werden kann; die Beschäftigung mit Erkenntnissen, die im Unterrichte nicht besprochen sind, hat fast immer Oberflächlichkeit zur Folge; deswegen soll der Schüler in seinem Buche nicht mehr Wissen finden, als von ihm verlangt wird; an den „Übungen" mag der Stärkere den Ernst seiner Neigung und seine Kräfte prüfen. Unter Ebenmaß in der Darstellung wird verstanden, daß jeder Abschnitt in einem Leitgedanken gipfelt; nichts ist zerstreuender und darum abschreckender für denkende Köpfe als die nur lose Aneinanderreihung zahlloser Einzelheiten; daher steht im Mittelpunkte der Mechanik das Energiegesetz; als Ziel des optischen und des Wärmeabschnitts galt es, die Projektionslampe, die Spiegelablesung und das Thermometer zu erklären; die Elektrik und der Magnetismus werden vom Niveau- und Kraftlinienbegriff beherrscht.

Mäßigung fordert die gründliche Durcharbeitung dieses Lehrganges im Experiment. Dasselbe ist heute zu einer blendenden Kunst entwickelt, welche das reinliche Denken zu ersticken droht, eine Übertreibung, genau so nachteilig wie jene ältere, bei der man am bloßen Beschreiben sich genügen ließ.

Jeder Abschnitt soll zusamt den Übungen und Wiederholungen in etwa 9 Stunden unter Benutzung der Zeichnungen erledigt werden, die aus Sparsamkeitsrücksichten so eng zusammengeschoben sind. Der Text ist, wo irgend möglich, ohne Buchstaben gegeben; wenn ihn der Schüler ohne Abbildung versteht, so weiß er, daß er letztere im Kopfe trägt. Die numerierten Merksätze sind unverlierbar einzuprägen.

Beide Schriftchen sind experimentell und literarisch nach den Quellen gearbeitet. Die Anführung der wendunggebenden Meisterwerke ist dazu bestimmt, dem Jünger der Physik, auch wenn er den Schulstaub sich schon abgeschüttelt hat, sein ABC=Buch noch ein wenig lieb zu machen.

Der „Physikalischen Mechanik" ist (nach Ansicht des Verfassers mit Unrecht) vorgeworfen worden, daß sie für Anfänger zu schwierig sei. Anschaulichkeit im Unterricht ist freilich für junge Gemüter ein Er= fordernis; erhebt er sich aber nicht zur Kraft jener Gedanken, mit denen große Forscher die Sinnenwelt belebt haben, so fällt er ins trostlos Öde; auch macht ja eine angespornte Jugend jeden Gedankenaufstieg freudig mit, wenn er nur stetig ist, und Gedankensprünge sind hier tunlichst vermieden.

Inhalt.

Dritter Abschnitt.

Die elektrischen Grundbegriffe.

Vierter Abschnitt.

Anwendung der elektrischen Grundbegriffe.

Fünfter Abschnitt.

Das Galvanielement.

Sechster Abschnitt.

Magnetismus.

Erster Abschnitt.

Vom Licht.

––––

1. Die Ausbreitung des Lichtes.

a. Die Grundannahme.

Eine Blende ist eine undurchsichtige Platte, die in der Mitte eine Öffnung trägt. Ein sichtbares Massenteilchen, das wir Lichtpunkt nennen, läßt sich im freien Luftraum von allen Seiten her, durch Blenden mit kleiner Öffnung aber nur dann betrachten, wenn der Lichtpunkt, die Blendenöffnungen und das Auge des Beobachters auf einer Geraden liegen. Auf beide Erfahrungen gründet man die Annahme:

Lichtpunkte senden nach allen Richtungen hin gerad=linige Strahlen aus. **(1)**

Diese Grundannahme bestätigt sich in ihren Folgen, den Er=scheinungen des Schattens und der Dunkelkammer.

b. Der Schattenwurf.

Fallen die Strahlen eines Lichtpunktes auf einen undurchsichtigen Körper, so entsteht hinter dem Körper ein Schattenraum. Da die Schattengrenze durch diejenigen Strahlen erzeugt wird, welche den Körper berühren, so zeichnet sich derselbe auf einem dahinter gestellten weißen Papierbogen, einem „Schirm“, mit scharfem Umriß dunkel ab. — Bei ausgedehnter Lichtquelle muß man für alle ihre Lichtpunkte dieselbe Schattenzeichnung wiederholen, wobei sich ein lichtloses Gebiet, der „Kernschatten“, und ein mehr oder minder dunkler Raum, der „Halb=schatten“, ergibt. Merkwürdig ist dabei der Fall, wo die lichtaus=sendende Fläche größer als die schattenwerfende ist (Bild 1). Zieht man nämlich von den ausgewählten Lichtpunkten aus statt der Licht=strahlen Schattenstrahlen, so zeigt sich im Scheitelwinkel des Kernschattens ein ziemlich helles, dunkel gesäumtes Halbschattengebiet, das auch auf einem Schirme sichtbar wird. — (Warum ist der Kernschatten nicht völlig schwarz?)

c. Die Dunkelkammer.

Die unendlich vielen Strahlen, welche ein Lichtpunkt durch eine Blendenöffnung schickt, durchsetzen einen Raum, den wir Kegel nennen; der Ort des Lichtpunktes heißt die Kegelspitze. Hält man in den Schattenraum der Blende einen Schirm, so zeichnet darauf der Lichtkegel ein vergrößertes Bild der Blendenöffnung. Da nun von einer ausgedehnten Lichtquelle jeder ihrer Lichtpunkte einen Lichtkegel durch die Blendenöffnung wirft, so erscheinen auf dem Schirm unendlich viele Öffnungsbilder, die mit den Rändern übereinander greifen und deren Reihenfolge die umgekehrte wie die der zugehörigen Kegelspitzen ist (Bild 2). So bildet sich auf dem Schirm die Lichtquelle in umgekehrter Lage nach und zwar um so heller, aber auch um so verschwommener, je größer die Blendenöffnung ist. Sogar lichtschwache Gegenstände, wie Häuser und Bäume, senden in einen verdunkelten Raum, eine „Dunkelkammer", durch eine kleine Öffnung hinreichendes Licht, um sich auf einem Schirm in ihren Farben abzuzeichnen.

Die Dunkelkammer soll aus dem Altertum stammen.

2. Der Spiegel.

a. Das Spiegelgesetz.

Um den Weg, den ein Lichtstrahl bei der Spiegelung nimmt, kurz zu beschreiben, nennt man den Strahl, der den Spiegel trifft, einfallend, die Gerade, welche im Treffpunkt des Einfallsstrahls auf der Spiegelebene senkrecht steht, das Einfallslot, die Winkel, welche das Einfallslot einerseits mit dem einfallenden Strahl, andererseits mit dem gespiegelten bildet, Einfallswinkel und Spiegelungswinkel. Trifft nun auf den Spiegel ein schmales Bündel Lichtstrahlen, wie es z. B. durch zwei fern von einander aufgestellte kleine Blendenöffnungen aus den Strahlenkegeln einer Lichtquelle ausgesondert wird, so lehrt die Beobachtung das Spiegelgesetz:

Der Einfallswinkel und der Spiegelungswinkel liegen in einer Ebene und sind gleich. (2)

Der Strahlengang in der Luft läßt sich durch Rauchentwickelung sichtbar machen. Zum Zweck der Winkelmessung (Bild 3) werden mit Vorteil zwei lotrechte spaltförmige Blendenöffnungen, kurz „optische Spalte", angewendet; fällt das durch die Spalte ausgesonderte Lichtband wagerecht auf einen lotrechten Spiegel und nach der Spiegelung auf eine wagerechte Teilung, welche das Lichtband in ihrem Nullpunkte rechtwinkelig schneidet, so möge, wenn der Spiegel um seine lotrechte Achse den Einfallswinkel α beschreibt, der Lichtstreifen auf der Teilung die Strecke S durchmessen; ist der Abstand zwischen Spiegel und Teilung gleich A, so ergibt sich der Spiegelungswinkel β aus tg $(\alpha + \beta) = \frac{S}{A}$; je sorgfältiger die Messung ausgeführt wird, desto genauer liefert sie $\beta = \alpha$.

Das Spiegelgesetz war den Griechen bereits im 4. Jahrhundert v. Chr. Geb. bekannt.

b. Das Auge als Ortssinn.

Hält man zwei Stäbchen so übereinander, daß ihre Achsen in eine lotrechte Gerade fallen, und rückt man nun das eine ohne Änderung seiner Richtung geradlinig vom Auge ab, so wird dadurch der Anblick beider Stäbchen und also ihre scheinbare gegenseitige Lage nicht merklich geändert. Erst wenn man das Auge zur Seite bewegt oder beide Augen anwendet, nimmt man die gegenseitige Verschiebung der Stäbchen wahr. Allein also dadurch, daß ein Lichtpunkt von mindestens zwei Seiten her betrachtet wird, gelingt seine Einordnung in den Raum und zwar nach folgendem Verfahren:

Wir sehen Lichtpunkte überall dort im Raum, wo die in unsere Augen fallenden Strahlenkegel ihre Spitzen haben.

(3)

Da nun die Einordnung desto sicherer ausfällt, einen je größeren spitzen Winkel die vom Auge aufgefangenen Strahlen bilden, so versteht sich, warum die äußerst schmalen Strahlenkegel, welche durch die Pupille eines unbewegten Auges fallen, den Beobachter zur Raumanschauung nicht ausreichend befähigen (Bild 4).

c. Spiegelbilder.

α. *Das Bild eines Lichtpunktes.* Fällt von dem Lichtpunkt G (Bild 5) ein Strahlenkegel auf den ebenen Spiegel SP, so kehrt der senkrecht einfallende Strahl GF_1 in sich selbst zurück, während der schräg auffallende Strahl GF_2 nach A gespiegelt wird. Da nun die Einfallslote GF_1 und LF_2 gleichgerichtet sind (Phys. Mech. Satz 1), so liegt GF_1 in der Ebene GF_2A, so daß GF_1 und AF_2, hinreichend verlängert, in B einander schneiden. Aus der Deckbarkeit der Dreiecke F_1F_2G und F_1F_2B folgt $F_1G = F_1B$, ein Ergebnis, das von der Richtung GF_2 nicht abhängt. Ein Beobachter (Bild 6), der aus geeigneten Stellungen in den Spiegel blickt, empfängt daher die Strahlen eines Lichtkegels, in dessen Spitze B — und also hinter dem Spiegel — er irrtümlich einen Lichtpunkt sieht. Nennt man diese Täuschung ein Spiegelbild der Lichtquelle, so folgt:

Der Abstand eines Lichtpunktes von seinem Spiegelbild steht in der Abstandsmitte auf der Spiegelebene senkrecht.

(4)

β. Das Bild eines ausgedehnten Gegenstandes (Bild 7) wird gefunden, wenn man von möglichst vielen seiner Punkte die Bilder zeichnet und verbindet. Die Zeichnung lehrt, daß ebene Spiegel Bilder liefern, deren Teile ebenso groß wie in den Gegenständen sind; nur reihen sich die Teile unter Vertauschung von rechts und links an einander, so daß die rechte Hand im Spiegel als linke und richtige Schrift als „Spiegelschrift" erscheint (Bild 8). — (Warum erzeugen Glasspiegel, deren Hinterflächen mit Metall belegt sind, störende Nebenbilder?)

3. Die Linse.

a. Die Brennpunkte der Linse.

Gläser, die von zwei Kugelkappen mit gemeinschaftlichem Grundkreis begrenzt sind, heißen Linsen; als Linsenachse wird die Gerade bezeichnet, die in der Mitte des Grundkreises auf seiner Ebene senkrecht steht. Fallen in Richtung der Achse Lichtstrahlen auf eine Linse, so verlassen sie die Hinterfläche in einem Strahlenkegel, dessen Spitze hinter der Linse auf der Achse liegt. Den Schnittpunkt der Strahlen nennt man Linsenbrennpunkt wegen der Hitze, die Sonnenstrahlen daselbst erzeugen können; der zwischen Brennpunkt und Linse gelegene Achsenabschnitt heißt Brennweite der Linse. Da die gleiche Erfahrung sich wiederholt, wenn man die Linse umkehrt und also von der andern Seite her beleuchtet, so folgt (Bild 9 a und b):

Jede Linse hat zwei Brennpunkte mit gleichen Brennweiten. **(5)**

Die Größe der Brennweite wächst mit den Krümmungshalbmessern der beiden (nach außen gewölbten) Kugelkappen.

Eine in den Trümmern von Niniveh gefundene Linse aus Bergkristall soll sich im Britischen Museum befinden.

b. Punktförmige Linsenbilder.

α. Von einem Lichtpunkt der Achse. Läßt man von einem Lichtpunkt der Achse einen Strahlenkegel auf die Linse fallen, so entsteht hinter derselben abermals ein „gebrochener" Strahlenkegel mit einem Achsenpunkt als Spitze (Bild 11). Bewegt sich dabei der Lichtpunkt aus sehr großer Entfernung bis in den Brennpunkt vor der Linse oder „ersten Brennpunkt" F_1, so rückt die Spitze des gebrochenen Kegels aus dem Brennpunkt hinter der Linse oder „zweiten Brennpunkt" F_2 beständig von der Linse ab, bis schließlich die gebrochenen Strahlen die Achsenrichtung annehmen. Wie beim Spiegel, so sieht auch hier ein passend blickender Beobachter in der Spitze des gebrochenen Strahlenkegels irrtümlich einen Lichtpunkt, den man das Linsenbild der Lichtquelle nennt. Freilich besteht zwischen den Bildern des Spiegels und der Linse, wie sie bisher beschrieben wurden, der wesentliche Unterschied, daß die Lichtstrahlen in den Spiegelbildern sich nur verlängert, in den Linsenbildern hingegen wirklich schneiden. Bilder der ersten Art heißen scheinbare, der zweiten wirkliche Bilder; nur die letzteren lassen sich naturgemäß auf einem Schirme zeigen.

β. Von einem Lichtpunkt ausserhalb der Achse entsteht gleichfalls ein Bild außerhalb der Achse (Bild 12). Bei bekannter Brennweite der Linse läßt sich die Lage dieses Bildes durch Zeichnung finden, falls die Linse von der üblichen Form, nämlich so flach ist, daß die Linsendicke neben den sonst auftretenden Entfernungen vernachläßigt werden darf (Bild 13). Dann tritt an Stelle der Linse ihre Grundkreisebene; und legt man nun die Zeichnungsebene durch die Linsenachse und den Lichtpunkt, wobei die Linse selbst für den Beschauer zu einer Geraden sich verkürzt, so braucht man nur noch von dem Lichtpunkt aus einen Strahl in Richtung der Achse, einen zweiten durch den ersten Brennpunkt bis zur Linse hin zu ziehen, um im Schnittpunkte der dazu gehörigen gebrochenen Strahlen das Linsenbild zu finden; und zwar geht der erste gebrochene Strahl durch den zweiten Brennpunkt, während der zweite die Achsenrichtung annimmt. Dabei dürfen beide auffallenden Strahlen die Erweiterung der Grundkreisebene treffen; je weiter freilich der Lichtpunkt bei unverändertem Abstand zwischen ihm und der Linse von der Achse abrückt, desto weniger scharf wird sein Linsenbild.

c. Ausgedehnte Linsenbilder.

α. Die Linsenformel. Darf von der Unschärfe des Linsenbildes abgesehen, dasselbe folglich als punktförmig betrachtet werden, so nennen wir die (senkrechten) Abstände des Lichtpunktes und seines Bildes von der Linsenebene die Gegenstandsweite A und die Bildweite B, die Abstände beider Punkte von der Achse C und D, während die Brennweite F heißen möge (Bild 13). Dann folgt (nach dem Verhältnissatz):

$$\frac{F}{A} = \frac{D}{C+D} \text{ und } \frac{F}{B} = \frac{C}{C+D}. \text{ Durch Addition entsteht}$$

$$\frac{F}{A} + \frac{F}{B} = \frac{C+D}{C+D} = 1 \text{ oder}$$

$$\frac{1}{A} + \frac{1}{B} = \frac{1}{F}, \tag{6}$$

wogegen D : C = B : A durch Division erhalten wird. Verbindet man nun den Lichtpunkt und sein Bild geradlinig mit der Linsenmitte, so entstehen über beiden Verbindungsgeraden rechtwinklige Dreiecke, deren kleine Seiten die Verhältnisgleichung D : C = B : A erfüllen. Aus der so erwiesenen Ähnlichkeit beider Dreiecke folgt, daß beide Verbindungsgeraden mit der Achsenrichtung gleiche Winkel und folglich eine Gerade bilden, die wir Hauptstrahl nennen. D. h.: Die Hauptstrahlen einer Linse werden nicht gebrochen. $\tag{7}$

β. Die Zeichnung ausgedehnter Linsenbilder gelingt, wenn man von möglichst vielen der vorhandenen Lichtpunkte die Bilder zeichnet und verbindet. Ist dabei die Lichtquelle eine ebene Zeichnung, die auf der Linsenachse senkrecht steht und somit in der Seitenansicht zu der Geraden C sich verkürzt, so haben alle Lichtpunkte die Gegenstandsweite A (Bild 13); daher liefert die Linsenformel für alle Bildweiten den Betrag $B = \dfrac{a}{a-f} F$*), so daß auch das Gesamtbild in einer Ebene liegt, die auf der Achse senkrecht steht und also in der Seitenansicht sich zu D verkürzt. Daher brauchen wir in unserem Fall nur von einem Lichtpunkt das Bild zu zeichnen und durch den erhaltenen Bildpunkt die Ebene senkrecht zur Linsenachse zu legen; dann zeichnen auf diese Bildebene die Hauptstrahlen der Lichtquelle das Linsenbild. Zugleich ergibt sich ohne weiteres: Ebene Linsenbilder, die auf der Linsenachse senkrecht stehen, sind ihren Lichtquellen ähnlich; **(8)**

ferner: Wirkliche Linsenbilder sind umgekehrt; **(9)**

und schließlich aus D : C = B : A: Die Längen in einem Linsen= bilde verhalten sich zu ihren Gegenstandslängen wie die Bildweite zur Gegenstandsweite. **(10)**

Die vorstehenden Folgerungen der Linsenformel bestätigen sich ziem= lich gut; durch geschickte Verbindung mehrerer Linsen ist es sogar ge= lungen, die Unschärfen, vor allem aber die störenden bunten Säume der Bilder merklich aufzuheben.

4. Anwendungen.

a. Die Projektionslampe (Bild 10).

Von kleinen, durchscheinenden Zeichnungen lassen sich durch eine zu= sammengesetzte Linse, den „Projektionskopf", weithin sichtbare, vergrößerte Bilder auf einen Schirm „projizieren", falls das Projektionszimmer verdunkelt ist und die Zeichnungen ausreichend beleuchtet sind. Zu letzterem Zweck wird ein recht großer Strahlenkegel einer sehr hellen Lampe, am besten elektrischen Bogenlichtes, durch einen aus mehreren Linsen gebildeten „Kondensor" d. h. Lichtsammler so gebrochen, daß die gebrochenen Strahlen zunächst durch die Zeichnung, dann durch den Projektionskopf und damit auf den Schirm fallen. Zur Abblendung der nicht benutzten Strahlen schließt man die Lampe in eine „Kammer", einen undurchsichtigen Kasten nämlich, in dessen Vorderwand der Kondensor eingesetzt ist, und verbindet Kondensor und Projektionskopf durch einen „Auszug". Um die Zeichnung und den Projektionskopf vor der Heiz= wirkung der Strahlen zu schützen, pflegt man zwischen zwei Kondensor= linsen einen „Kühlkasten" mit Spiegelglaswänden einzuschalten, der

---

*) Über die Verwendung großer und kleiner Buchstaben vgl. Phys. Mech. S. 16 Bemerk. 2).

Wasser oder Glyzerin enthält. — Von undurchsichtigen Gegenständen entwirft die Projektionslampe nur einen Schattenriß.

Die Projektionslampe wurde im 16. Jahrhundert erfunden.

b. Wirkliche Spiegelbilder.

Von einem Lichtpunkt G entwirft ein Spiegel ein scheinbares Bild in B (Bild 6). Da jedoch Einfallswinkel und Spiegelungswinkel vertauschbar sind, so läßt der Strahlengang sich umkehren; daher entwirft ein Kegel einfallender Strahlen, die nach B zielen, ein wirkliches Bild in G. Diese Folgerung bestätigt sich, wenn man einen Spalt projiziert und danach zwischen Schirm und Projektionskopf einen Spiegel hält (Bild 14); dann läßt sich auf einem zweiten Schirm vor dem Spiegel ein wirkliches Spiegelbild des Spaltes zeigen; zugleich erweist sich die Richtigkeit des Satzes, wonach Lichtpunkt und Bild den gleichen Abstand von der Spiegelebene haben.

c. Die Spiegelablesung.

Das wirkliche Spiegelbild eines Spaltes wird zu feinsten Winkelmessungen benutzt. Verbindet nämlich (Bild 15) die wagerechte Linsenachse den Mittelpunkt des lotrechten Spaltes mit der lotrechten Drehungsachse eines Spiegels, so liegt der Mittelpunkt des projizierten Spaltbildes auf einem wagerechten Kreis, dessen Mitte in die Drehungsachse fällt und dessen Halbmesser man Lichtzeiger nennt. Da nun der zwischen Einfallslot und Linsenachse gelegene Einfallswinkel gleich dem zwischen Einfallslot und Lichtzeiger gelegenen Spiegelungswinkel ist, so ist von der festliegenden Linsenachse der Lichtzeiger stets um den doppelten Winkel als das Einfallslot entfernt; daher hat jede Drehung α des Einfallslotes oder, was dasselbe ist, des Spiegels die Drehung 2α des Lichtzeigers zur Folge. Um nun einerseits trotz sehr kleiner Drehungswinkel noch einen merklichen Ausschlag des Lichtzeigers zu erhalten, um andererseits von der Kreisbewegung des Spaltbildes absehen zu dürfen, welch letztere die Anwendung eines gekrümmten Schirmes fordern würde, so macht man den Lichtzeiger dadurch möglichst lang, daß man die Gegenstandsweite des Spaltes nur wenig länger als die Brennweite der Linse wählt und Spiegel und Linse dicht an einander rückt (Bild 16). Dann verhalten sich die kleinen Drehungswinkel des Spiegels zu einander wie die vom Lichtzeiger durchstrichenen, als gerade annehmbaren Bogen, die auf einer als Schirm benutzten wagerechten Teilung abgelesen werden.

5. Übungen.

1) Man ziehe von 5 auf einer Lotlinie angeordneten Lichtpunkten aus die Schattengrenzen einer lotrechten Metallplatte und gebe an, von wieviel Lichtpunkten jedes der abgegrenzten Halbschattengebiete beleuchtet wird. (Die Zeichnung ist in der Seitenansicht auszuführen, wo die Metallplatte zu einer Geraden sich verkürzt;

zwei Fälle, je nachdem der Abstand der äußersten Lichtpunkte kleiner oder größer als die Plattenhöhe ist; den zweiten Fall zeigt Bild 1.)

2) Wie hoch erscheint in einer Dunkelkammer das Bild eines Hauses von der Höhe $H = 20\ m$, wenn die sehr kleine Blendenöffnung vom Hause $A = 50\ m$, vom Schirme $B = 1\ m$ absteht? — [$40\ cm$.]

3) Sonnenstrahlen fallen durch zwei gleichgerichtete Spalte, die je $1\ mm$ breit sind und $50\ cm$ von einander abstehen. Ein wie breites Spaltbild erzeugen die Strahlen auf einen $5\ m$ hinter der zweiten Blende aufgestellten Schirm? — [$21\ mm$.]

4) Man zeichne die Grenzen des Lichtkegels, der von einem Lichtpunkt auf einen Spiegel und nach der Spiegelung in ein Auge fällt, wobei Lichtpunkt, Spiegel und Auge der Lage nach gegeben sind.

5) Man begrenze für einen Lichtpunkt und einen Spiegel, die beide der Lage nach gegeben sind, dasjenige Gebiet, außerhalb dessen ein Auge gespiegelte Strahlen nicht mehr empfängt.

6) Wie hoch muß ein lotrechter Spiegel mindestens sein, damit ein aufrecht stehender, $H = 170\ cm$ großer Mensch sich ganz darin betrachten kann?

7) Ein geneigter großer Pfeil ist ebenso wie ein Auge der Lage nach vor einem nur kleinen lotrechten Spiegel gegeben. Man ermittele durch Zeichnung denjenigen Teil des Pfeiles, den das Auge als Spiegelbild erblickt.

8) Ein Lichtpunkt befindet sich zwischen zwei gleichgerichteten Spiegeln und steht von dem ersten um $A = 10\ cm$, vom zweiten um $B = 20\ cm$ ab. Da jeder Spiegel die einfallenden Strahlen auf den andern wirft, so laufen die vom Lichtpunkt ausgesandten Strahlenkegel unendlich oft zwischen beiden Spiegeln hin und her und erzeugen in jedem Spiegel unendlich viele Bilder. Man bestimme die Spiegelabstände der beiden Bilder, welche durch $n = 5$ malige Spiegelung entstehen. — [$n A + (n — 1) B = 130\ cm$; $n B + (n — 1) A = 140\ cm$.]

9) Vor zwei Spiegeln, die unter einem Winkel von $90°$ zusammenstoßen, sind ein Lichtpunkt und ein Auge der Lage nach gegeben. Man zeichne sämtliche Spiegelbilder des Lichtpunktes und den in das Auge fallenden Strahlenkegel desjenigen Bildes, welches durch zweimalige Spiegelung entsteht.

10) Die entsprechende Aufgabe wie 9) für Spiegel, die unter $60°$ zusammenstoßen; dabei soll der Lichtpunkt auf der Halbierenden des Winkelspiegels liegen und der dreifach gespiegelte Strahlenkegel gezeichnet werden.

11) Wieviel Bilder entstehen im „Kaleidoskop", wo drei Glasplatten unter Winkeln von $60°$ zusammenstoßen und den lichtaussendenden Gegenstand zwischen sich haben?

12) Eine Linse mit der Brennweite $F = 20\ cm$ entwirft das Bild eines Lichtpunktes, der in $A = 5\ m$ Entfernung vor der Linse auf ihrer Achse liegt. Wie weit ist das Bild vom zweiten Brennpunkt entfernt? — [$8,3\ mm$.]

13) Eine leuchtende Flamme wirft ihre Strahlen durch einen Spalt auf eine Linse mit der Brennweite $F = 36\ cm$, wobei der Abstand zwischen Spalt und Flamme $A = 30\ cm$, zwischen Spalt und Linse $B = 40\ cm$ beträgt. In welchem Abstand von der Linse ist ein Schirm aufzustellen, wenn ein scharfes Bild 1) des Spaltes, 2) der Flamme auf ihm erscheinen soll? — [$3,6\ m$; $74,1\ cm$.]

14) Vor einer Linse mit der Brennweite $F = 20\ cm$ steht in der Gegenstandsweite $A = 30\ cm$ ein Lichtpunkt um $C = 10\ cm$ von der Achse ab. In welchen Abständen von der Linse und der Achse befindet sich das Bild? — [$60\ cm$; $20\ cm$.]

15) Welchen Abstand muß ein Gegenstand von einer Linse mit der Brennweite F haben, wenn das Bild ebenso groß wie der Gegenstand ausfallen soll?

16) Zwischen einem Gegenstand und einem Schirm, die um $E = 86\ cm$ von einander abstehen, wird eine Linse mit der Brennweite $F = 18\ cm$ verschoben. Bei welchen Gegenstandsweiten entwirft die Linse ein scharfes Bild des Gegenstandes auf den Schirm? — [60,35 cm; 25,65 cm.]

17) Eine projizierende Linse steht von der $H = 10\ cm$ hohen Zeichnung $A = 30\ cm$, vom Projektionsschirm $B = 6\ m$ ab. Wie hoch ist das Bild und wie groß die Brennweite der Linse? — [2 m; 28,6 cm.]

18) Eine Kondensorlinse mit dem Durchmesser $D_1 = 15\ cm$ steht von der Projektionslampe um $A = 12\ cm$, von der Projektionslinse mit dem Durchmesser $D_2 = 5\ cm$ um $E = 24\ cm$ ab. Welche Brennweite muß die Kondensorlinse haben, wenn ihr Strahlenkegel die Projektionslinse ganz beleuchten und dadurch für die Projektion voll ausgenutzt werden soll? — [9 cm.]

19) Durch eine Linse mit der Brennweite $F = 20\ cm$ wird von einem Spalt ein wirkliches Spiegelbild entworfen; dabei beträgt der Achsenabschnitt zwischen Spalt und Linse $A = 21\ cm$, zwischen Linse und Spiegel $C = 10\ cm$ und der Winkel zwischen Achse und Einfallslot 45°. Wo entsteht das Spaltbild? — [In 4,1 m Abstand von der Achse.]

20) Wie muß man A in 19) wählen, wenn man unter sonst unveränderter Aufstellung einen Lichtzeiger von $R = 5\ m$ Länge erhalten will? Um welchen kleinen Winkel dreht sich der Spiegel, wenn das Ende des Lichtzeigers eine Strecke von $D = 5\ cm$ durchmißt? — [20,8 cm; 17,2′.]

Zweiter Abschnitt.
Von der Wärme.

1. Die Temperaturen.

a. Der Temperaturausgleich.

Durch den „Temperatursinn" unterscheiden wir an den Körpern verschiedene Kälte- und Wärmegrade oder „Temperaturen". Bringt man einen kalten mit einem warmen Gegenstand zusammen, so hört nach einiger Zeit der Temperaturunterschied im allgemeinen auf; dabei wird der kalte Gegenstand erwärmt, der warme abgekühlt. Ist freilich der eine Körper neben dem andern von verschwindend kleiner Masse, z. B. ein glühender Bolzen neben dem Wasser eines Sees, so nimmt unser Temperatursinn an dem größeren Körper einen Temperaturwechsel nicht mehr wahr. Indessen glauben wir auch in diesem Falle an einen „Temperaturausgleich" und nehmen damit an: Verschieden temperierte Nachbarkörper erreichen schließlich eine Temperatur, die innerhalb der anfänglichen Temperaturgrenzen liegt. **(11)**

b. Die Größenänderung der Körper bei Temperaturwechsel.

Fast alle Körper werden durch Erwärmung größer, durch Abkühlung kleiner. **(12)**

So klemmt sich eine eng eingepaßte, stark erhitzte Ofentür in ihrer Fassung, während sie abgekühlt sich wieder öffnen läßt. Indessen ist die durch Temperaturwechsel bedingte Größenänderung der Körper nur gering und gehört daher nicht zu den alltäglichen Erfahrungen. Deshalb erläutern wir jene Tatsache für feste Körper an einer Messingkugel, die einen nur wenig kleineren Durchmesser als ein Ring hat und nach der Erwärmung nicht eher durch letzteren hindurchfällt, als zwischen Ring und Kugel der Temperaturausgleich hinreichend fortgeschritten ist, für Flüssigkeiten an einer Flasche, die bis zu einer Marke des dünnen Halses Alkohol enthält, für Gase an einer luftgefüllten Glaskugel mit angeschmolzenem Ansatzrohr, das unter Wasser endigt (Bild 17); jede Temperaturschwankung der abgesperrten Luft hat eine Hebung oder Senkung des Sperrwassers zur Folge. Die Kraft, mit der ein dicker Schmiedeeisenstab bei der Abkühlung sich zusammenzieht, reicht hin, um ein fingerdickes Gußeisenstäbchen zu zerbrechen (Bild 18).

c. Das Thermoskop.

Berührt man mit je einer Hand eine Holz= und eine Metallplatte, die lange neben einander gelegen und also ihre Temperaturen ausgeglichen haben, so erscheint das Metall kälter als das Holz, so daß unser Temperatururteil nicht nur von der Temperatur, sondern auch von dem Stoff der berührten Gegenstände abhängt. Taucht man ferner die eine Hand (10 Sek. lang) in Eiswasser, die andre in heißes und danach beide zugleich in lauwarmes, so erscheint letzteres der kalten Hand warm, der warmen kalt; folglich wechselt unser Temperatururteil auch mit dem eigenen Körperzustand. Um nun von dem Stoff der Gegenstände und den eigenen Körperzuständen unabhängig zu sein, hat man den Rauminhalt der Körper als Temperaturmaßstab gewählt. Versieht man z. B. das in Wasser getauchte Ansatzrohr der luftgefüllten Glaskugel mit einer Teilung, so hat man eine Vorrichtung etwa von der Art, wie sie Galilei bereits vor 1600 als Temperaturanzeiger oder „Thermoskop" benutzte (Bild 17). Da aber die Einstellungen des Luftthermoskops nicht allein von der Temperatur der abgesperrten Luft, sondern (nach dem Boyleschen Gesetz) auch von dem Barometerstande abhängen, so füllten Galileis Schüler die Thermoskope nicht mit Luft, sondern mit (gefärbtem) Weingeist. Um die Glaskugel selbst bei sehr engem Ansatzrohr mit Flüssigkeit zu füllen, pflegt man das offene Rohrende zunächst trichterförmig zu erweitern (Bild 19). Wird der Trichter mit Weingeist gefüllt und die Luft aus der Kugel durch Erwärmen teilweise ausgetrieben, so wird nach dem Erkalten Weingeist in die Kugel eingesaugt; durch wiederholte Erwärmungen und Abkühlungen können Kugel und Rohr beliebig weit mit Flüssigkeit gefüllt werden; sollte dabei der Flüssigkeitsfaden durch Luftbläschen getrennt werden, so lassen sich dieselben durch Schleudern leicht in den Luftraum des

Rohrs hinaufbefördern. Um das Eintrocknen der Flüssigkeit zu ver=
hindern, schmilzt man schließlich die Röhre unter Abtrennung des
Trichters zu, aber so daß der Innenraum der Schmelzstelle nicht in
eine Spitze ausläuft, sondern durch die eingeschlossene Luft rundlich
aufgetrieben wird; andernfalls nämlich sammelt sich infolge der Kapillarität
bald mehr, bald weniger Weingeist in der Spitze und macht die Ein=
stellungen des Thermoskops unsicher. Für hohe Temperaturen, bei
denen Weingeist siedet, sind Ölthermoskope in Gebrauch gewesen.

2. Die Schmelztemperatur.

a. Schmelz= und Gefrierpunkt.

Daß die festen Körper — mit Ausnahme des Kohlenstoffs — bei
genügender Erwärmung schmelzen, die so gebildeten Flüssigkeiten nach
der Abkühlung wieder erstarren, ist eine hinreichend verbreitete Er=
fahrung. Daß aber das Schmelzen desselben festen Körpers stets bei
derselben Temperatur, dem „Schmelzpunkt“, erfolgt, konnte erst mit
Hilfe des Weingeistthermoskops entdeckt werden. Ebenso erstarrt die=
selbe Flüssigkeit stets bei derselben Temperatur, dem „Gefrierpunkt“.
Schmelz= und Gefrierpunkt eines Stoffes stimmen (meist)
überein. (13)

Deshalb kann man einen Schmelzpunkt entweder bestimmen, indem
man das Thermoskop mit Stücken des zu untersuchenden Körpers um=
gibt und diese durch Erwärmung schmilzt, oder indem man das Ther=
moskop in die Flüssigkeit taucht und diese durch Abkühlen erstarren
läßt. In beiden Fällen bleibt das Thermoskop so lange auf dem
Schmelzpunkte stehen, bis einerseits alle Stücke geschmolzen sind, anderer=
seits alle Flüssigkeit erstarrt ist. Schwierig ist die Bestimmung des
Schmelzpunktes bei Fetten, da diese sich bei steigender Temperatur zu=
nehmend „erweichen“ und so allmählich aus dem festen in den flüssigen
Zustand übergehen. — Wasser gefriert, wenn man das Gefäß mit
äthergetränktem Flanell umkleidet, zumal wenn man die Verdunstung des
Äthers durch einen Luftstrom beschleunigt.

b. Die Unterkühlung.

Bestimmt man den Gefrierpunkt einer Flüssigkeit in einem still
gehaltenen Glasgefäß, so kühlt sich dieselbe häufig bis unter den Ge=
frierpunkt ab, ohne zu erstarren. Diesen Zustand einer Flüssigkeit nennt
man Unterkühlung. Erschüttert man indessen die unterkühlte Flüssigkeit
oder wirft einen Kristall von gleichem Stoff hinein, so tritt eine teil=
weise Erstarrung ein, wobei das Thermoskop schnell bis zum Gefrier=
punkt steigt und dort so lange stehen bleibt, bis der Gefriervorgang
beendet ist. Daher gelingt es selbst bei Flüssigkeiten, die zur Unter=
kühlung neigen, z. B. dem unterschwefligsauren Natron, den Gefrier=

ober Schmelzpunkt mit Sicherheit zu finden. Auch Wasser läßt sich in luftleeren Glasgefäßen unterkühlen, wenn es staubfrei ist; die dazu nötige tiefe Temperatur entsteht erfahrungsmäßig, wenn man zerstoßenes Eis mit ebenso viel Kochsalz mischt. Die Unterkühlung der Regentropfen scheint bei der Glatteis= und Hagelbildung mitzuwirken.

c. Die Abhängigkeit der Schmelztemperatur vom Druck.

Der Einfluß, welchen die Schwankungen des Luftdrucks auf die Schmelztemperaturen haben, ist zu gering, um am Thermoskop sichtbar zu sein. Unter Anwendung sehr starker Drücke ist es freilich gelungen, die Schmelztemperatur des Eises merklich herabzusetzen, woraus sich ver= muten läßt, daß auch bei den andern Stoffen die Schmelztemperatur vom äußeren Druck in geringem Maße abhängt. Wo es daher auf größte Genauigkeit ankommt, muß zwischen Schmelzpunkt und Schmelz= temperatur so unterschieden werden: Der Schmelzpunkt eines Stoffes ist seine Schmelztemperatur bei normalem Luftdruck.

(14)

Nach welcher Richtung die Schmelztemperaturen durch den Druck verschoben werden, ergibt sich uns aus dieser Überlegung: Da die festen Körper außer Eis und Wismut in ihren Flüssigkeiten untersinken, so besteht das Schmelzen fast stets in einer Auflockerung der kleinsten Teile, welcher der äußere Druck entgegenwirkt; daher werden die Schmelz= temperaturen mit wachsendem Druck bei den meisten Körpern steigen, bei Eis und Wismut aber sinken. — Die Ausdehnung des Wassers beim Gefrieren geschieht mit solcher Kraft, daß man mit Wasser gefüllte eiserne Bomben dadurch sprengen kann.

3. Die Siedetemperatur.
a. Die Destillation.

Jede Umwandlung einer Flüssigkeit in Dampf heißt Verdampfen. Ein Verdampfen, das vom Flüssigkeitsspiegel aus und so allmählich vor sich geht, daß es schnell nur mit Hilfe der Wage ermittelt werden kann, wird Verdunsten, ein solches, das unter Blasenbildung und Wallungs= erscheinungen erfolgt, wird Sieden genannt. Daß die Flüssigkeiten bei hinreichender Erwärmung sieden, ist bekannt; weniger und meistens nur beim Wasser pflegt beachtet zu werden, daß umgekehrt durch Abkühlung die Dämpfe wieder flüssig werden. Wir zeigen diese Rückwandlung als zweites Beispiel beim Alkohol, dessen Siededämpfe wir aus einer Koch= flasche durch ein eingepaßtes U=Rohr in ein abgekühltes Probegläschen leiten und dort flüssig werden sehen (Bild 20). Eine wichtige Folge jener Rückwandlung ist diese: Läßt man eine Flüssigkeit sieden in einer Glaskugel mit U=förmigem Ansatzrohr, dessen offenes Ende in die gleiche, aber kalte Flüssigkeit taucht, so sieht man in der Sperrflüssigkeit zunächst

die Luft des Siedegefäßes lautlos entweichen, danach aber die Dampf=
blasen unter knatterndem Geräusch zusammenfallen; nach Entfernung
der Flamme füllt sich das Siedegefäß mit der Sperrflüssigkeit vollkommen.
— Die beschriebene Verflüssigung der Siededämpfe heißt Destillation.
Da Flüssigkeitsmischungen bei steigender Erwärmung die Dämpfe der
gemischten Stoffe nach einander zu entsenden pflegen, so ist die Destillation
ein wichtiges Mittel, gemischte Flüssigkeiten von einander zu trennen,
z. B. Alkohol oder Petroleum von ihren Beimengungen zu reinigen. —
Wasserdampf erweist sich innerhalb des Siedegefäßes als völlig unsicht=
bar; erst in der kälteren Luft ballt er sich zu schwebenden Tröpfchen und
bildet dadurch Nebel.

b. Besondere Erscheinungen beim Sieden.

Da alle Flüssigkeiten bei der Erwärmung Bläschen der aufge=
saugten Gase abscheiden, so folgt: Die Gasmenge, welche von
jedem Kubikzentimeter einer Flüssigkeit aufgesaugt werden
kann, sinkt mit steigender Temperatur. *(15)*

Hält nach dem Aufhören der Gasabscheidung die Erwärmung an,
so beginnt alsbald die Flüssigkeit zu „singen“. Sorgfältige Beobachtung
zeigt, daß sich dabei vom heißen Gefäßboden Dampfbläschen ablösen,
die in den höheren, noch nicht durchwärmten Flüssigkeitsschichten geräusch=
voll sich verflüssigen. Erst nach Durchwärmung der ganzen Flüssigkeit
tritt an Stelle des Singens das Aufwallen. Das Sieden derselben
Flüssigkeit erfolgt stets bei etwa der gleichen Dampftemperatur, welche
die „Siedetemperatur“ der Flüssigkeit heißt, während die Temperatur
der siedenden Flüssigkeit schwankt. Bei manchen Flüssigkeiten, z. B.
Alkohol, tritt in Glasgefäßen leicht ein „Siedeverzug“ ein, nämlich
eine Erwärmung der Flüssigkeit über die Siedetemperatur hinaus, ohne
daß ein Sieden erfolgt; verhindert wird (meistens) der Siedeverzug,
wenn man Platindraht in die Flüssigkeit wirft.

c. Der Siedepunkt.

Unveränderlich ist die Siedetemperatur einer Flüssigkeit nur bei
demselben Druck. Da das Verdampfen stets in einer Auflockerung der
Flüssigkeitsteilchen besteht, so ist vermehrter Druck der Dampfbildung
hinderlich und steigert also die Siedetemperatur. Umgekehrt kann, wenn
man mit Hilfe der Luftpumpe den Druck hinreichend vermindert,
Wasser schon bei Zimmertemperatur zum Sieden gebracht werden. Da
nach Fahrenheits Entdeckung (1714) selbst die geringen täglichen
Schwankungen des Luftdrucks die Siedetemperaturen sehr merklich beein=
flussen, muß stets zwischen „Siedepunkt“ und Siedetemperatur streng
unterschieden werden: Der Siedepunkt einer Flüssigkeit ist ihre
Siedetemperatur bei normalem Luftdruck. *(16)*

4. Das Thermometer.

a. Begriff und Herstellung des Thermometers.

Um von einem Normalinstrument unabhängig zu sein und doch übereinstimmende Temperaturangaben zu ermöglichen, wählte man als „Fixpunkte" für jeden Temperaturmesser zwei unveränderliche Temperaturen, die sich leicht herstellen lassen, nämlich Gefrier- und Siedepunkt des Wassers. Zur Vollendung aber gelangte die Temperaturmessung erst durch die Kunst, Thermoskopgefäße mit Quecksilber zu füllen; da nämlich Quecksilber Glas nicht benetzt, so schließt es die aus der Benetzung von Öl und Alkohol folgenden Einstellungsfehler aus. Die Schwierigkeit besagter Füllung liegt darin, daß ein Quecksilberfaden in seiner engen Röhre leicht abreißt; indessen wird die Trennung des Fadens nur durch Verunreinigungen des Quecksilbers und der Röhre, ferner durch Luft- oder Wasserteilchen herbeigeführt, die an der Glaswand haften. Daher muß das Quecksilber möglichst rein und die Kapillare völlig staubfrei, am besten frisch gezogen sein, letzteres auch, weil altes, dickwandiges Glas sich nicht so stark wie hier nötig erhitzen läßt, ohne zu zerspringen. Der Trichter wird passend durch eine Erweiterung ersetzt, die leicht geschlossen werden kann (Bild 21). Die Füllung beginnt zunächst wie beim Weingeistthermoskop; dann aber wird das Quecksilber der Kugel unter gleichzeitiger Erwärmung der Kapillaren bis zum Sieden so lange erhitzt, bis die eingeschlossene Luft zusamt dem Wasserdampf durch die Quecksilberdämpfe möglichst vollkommen vertrieben ist. Danach schmilzt man das offene Ende des Glaskörpers zu. Nach der Abkühlung füllt sich die Kugel nebst Ansatzrohr restlos mit Quecksilber, während über dem Quecksilber der Rohrerweiterung ein luftleerer Raum verbleibt. Jetzt erwärmt man die Kugel bis über die höchste Temperatur hinaus, welcher das Instrument im Gebrauch ausgesetzt werden soll, trennt das überschüssige Quecksilber der Rohrerweiterung durch Umkehren des Glaskörpers, wenn nötig auch durch Abschleudern, von dem Quecksilberfaden der Kapillaren und schmilzt, nachdem der Quecksilberfaden infolge der Abkühlung sich verkürzt hat, die Rohrerweiterung durch eine Stichflamme ab. Bringt man nun das Rohr auf den Gefrierpunkt nnd danach auf den Siedepunkt des Wassers, so braucht man nur noch den Abstand der markierten Fixpunkte — nach dem Vorschlage von Celsius — in 100 gleiche Teile zu zerlegen und die Teilstriche über die Fixpunkte hinaus auf der Teilung abzutragen, um einen Temperaturmesser von hoher Feinheit, ein „Thermometer", zu erhalten. Den Siedepunkt des Wassers bezeichnet man mit 100 Grad (^{0}), den Gefrierpunkt mit 0^0, die tieferen Temperaturen als negativ oder als Kältegrade, wobei natürlich nicht an einen Artunterschied zwischen Wärme und Kälte zu denken ist. — Um zu prüfen, ob das Thermometerrohr überall gleichen Querschnitt (= Kaliber) hat, schickt man

durch die Kapillare einen Quecksilberfaden, der selbst bei fertigen Thermometern sich meistens durch geschicktes Klopfen von dem Hauptfaden ab-
trennen läßt; das gleitende Fadenstück muß überall die gleiche Länge
haben. Je kleiner bei gleicher Quecksilbermasse das Kaliber ist, desto
größer wird naturgemäß der Abstand der Teilstriche.

b. Gebrauch des Thermometers und Begriff des Temperatur-grades.

Die Temperaturmessung geschieht so, daß man den Temperaturausgleich zwischen dem Thermometer und seiner Umgebung abwartet;
daher ist zu beachten, daß Thermometer, deren Massen zur Masse der
Umgebung nicht verschwindend klein sind, die Temperatur der Umgebung
mitbeeinflussen; auch darf bei sorgfältigen Messungen der Quecksilberfaden aus der zu messenden Umgebung nicht hervorragen. Da nicht
nur das Quecksilber, sondern auch das Glas sich bei der Erwärmung
ausdehnt, so zeigt das Thermometer nur den Überschuß der Quecksilber-
ausdehnung über die Glasausdehnung an. Bezeichnet man diesen Überschuß als scheinbare Ausdehnung des Quecksilbers, so ergibt sich die
Erklärung: Unter der Erwärmung von 1^0 versteht man diejenige Erwärmung, bei welcher die scheinbare Ausdehnung
des Quecksilbers hundertmal so klein ist, als wenn die
Temperatur vom Gefrierpunkt bis zum Siedepunkt des
Wassers steigt. **(17)**

Gewöhnliche Glasgefäße erfahren durch starke vorübergehende Erwärmungen eine Raumerweiterung, die häufig monatelang anhält und
entsprechend der elastischen Nachwirkung „thermische Nachwirkung" heißt;
zu guten Thermometern muß deshalb „Jenenser Normalglas" verwendet
werden, das von thermischer Nachwirkung frei ist.

c. Besondere Thermometerformen.

α. *Tief- und hochgradige Thermometer.* Da Quecksilber bei
-39^0 erstarrt, so verwendet man für tiefere Temperaturen Weingeist-
thermometer, für deren Teilung man zwei beliebige Fixpunkte durch Vergleichung mit einem Quecksilberthermometer gewinnt; doch weichen diese
auf Glas und Weingeist bezogenen Temperaturangaben trotz der Übereinstimmung zweier Fixpunkte von denen eines Quecksilberthermometers
nicht unbedeutend ab. Zum Zweck besserer Übereinstimmung müssen bei
anderen Flüssigkeiten als Quecksilber drei oder mehr Fixpunkte bestimmt
werden. Für Temperaturen über 200^0, bei welchen das Quecksilber
im Thermometer sieden würde, verwendet man Thermometer aus Jenaer
Hartglas, deren quecksilberfreier Raum Kohlensäure bis zu 30 Atmo-
sphären Druck enthält. Die Siedetemperatur des Quecksilbers wird
dadurch so stark erhöht, daß solche Thermometer bis zur Rotglut des

Glases, nämlich 575⁰, verwendet werden können. — Es ergibt sich der ungefähre Schmelzpunkt von Zinn = 230⁰, Blei = 330⁰, Zink = 430⁰, der Siedepunkt von Äther = 35⁰, Alkohol = 78⁰, Schwefelsäure = 325⁰, Quecksilber und Leinöl = rund 350⁰, Schwefel = rund 450⁰.

β. *Maximum- und Minimumthermometer* geben die höchste und die tiefste Temperatur eines Tages an. Die Form nach Six (Bild 22) besteht aus einem umgekehrten Kreosotthermometer, dessen Rohr U-förmig gebogen ist, an jedem Ende eine Erweiterung und neben jedem Schenkel eine Teilung, die eine aufrecht, die andre umgekehrt, trägt. An den längs der umgekehrten Teilung hinablaufenden Kreosotfaden schließt sich ein Quecksilberfaden, dessen Enden auf beiden Teilungen die herrschende Temperatur anzeigen. Der Rest der Röhre ist noch teilweise mit Kreosot gefüllt. Auf beiden Quecksilberkuppen schwimmen Glasmarken, die in ihrer höchsten erreichten Stellung durch seitlich angeschmolzene federnde Glashärchen festgehalten werden und so auf der einen Teilung die höchste, auf der andern die tiefste Tagestemperatur angeben. — Eine andre Art von Maximumthermometern ist als Fieberthermometer (Bild 23) zur Temperaturmessung des menschlichen Körpers im Gebrauch. Die Teilung umfaßt nur einen geringen Temperaturbezirk um 37⁰ herum und gibt zehntel Grade an. Der obere Teil des Quecksilber-fadens ist von dem Hauptfaden durch eine Luftblase abgetrennt. Hat das in die Achselhöhle eingeklemmte Thermometer (nach 10 Min.) die Körpertemperatur angenommen, so kann man es zur Ablesung hervor-ziehen, ohne daß der abgetrennte Faden von der höchsten erreichten Stelle zurückweicht. Damit beim Abwärtsschleudern die abgetrennte Quecksilbermasse sich nicht mit der Hauptmasse vereint, ist das untere Röhrenende zu einer Schleife gebogen.

γ. *Das Hypsometer* (Bild 24). Da zu jedem Luftdruck eine bestimmte Siedetemperatur des Wassers gehört, so kann umgekehrt auch von dieser auf jenen geschlossen werden. Thermometer, die zur genauen Bestimmung der Siedetemperaturen des Wassers dienen und dadurch ein Barometer vertreten, heißen Hypsometer (Höhenmesser). Ihre Teilung braucht sich nicht allzu weit von 100⁰ zu entfernen, muß aber hundertstel Grade noch sicher angeben. Auf dem Montblanc siedet das Wasser durchschnittlich schon bei 84⁰. Da die Angaben des Hypsometers genauer als die des Federbarometers sind, so wird ersteres viel von Forschungsreisenden an Stelle des schwierig mitzuführenden Quecksilberbarometers benutzt. Steigt der Luftdruck in der Nähe des Normaldrucks um je 1 *mm* Quecksilber, so steigt die Siedetemperatur des Wassers um je $1/27$⁰. (18)

Mit Hilfe dieses Satzes kann auch bei unnormalem Luftdruck der obere Fixpunkt eines Thermometers geprüft werden.

Anmerkung: Da verschiedene Barometer nur bei gleicher Temperatur über-einstimmende Angaben liefern können, so gibt man den Luftdruck stets in *mm* Quecksilber von 0° an; guten Federbarometern liegt gewöhnlich eine Tabelle bei, mit deren Hilfe man den angezeigten Luftdruck auf ein Instrument von 0° um-rechnen kann, so daß die Einpackung des Barometers in Eis entbehrlich wird.

Vgl. für den ganzen Abschnitt: Abhandlungen über Thermometrie von Fahrenheit, Réaumur, Celsius (1724, 1730—1733, 1742). Herausgegeben von A. J. von Oettingen. Leipzig 1894.

5. Übungen.

1) Ein Eisenstab von 20 *cm* Länge erfahre durch Erwärmung eine Längen-zunahme von 1 *mm*. Wieviel Grad beträgt ungefähr die Temperaturerhöhung des Stabes, wenn Eisen bei der Erwärmung um je 1° sich rund um je ein-hunderttausendstel seiner ursprünglichen Länge ausdehnt? — [500°.]

2) Man tauche das luftdicht eingepaßte Ansatzrohr einer luftgefüllten Liter-flasche bei 0° in Wasser; bringt man die Flasche auf 100° und danach wieder auf 0°, so saugt sie 366 *g* Wasser in sich ein. Um welchen Bruchteil ihres ursprünglichen Rauminhaltes etwa dehnt sich die abgesperrte Luft bei der Erwärmung um je 1° aus? — [Rund $\frac{1}{273}$.]

3) Verschließt man eine Flasche, in der Wasser siedet, luftdicht nach Ent-fernung der Flamme, so wallt es jedesmal auf, wenn man die Flasche mit kaltem Wasser übergießt, so lange das eingeschlossene Wasser noch lauwarm ist. Warum?

4) Ein Thermometer, dessen Rohrkaliber $\frac{1}{10}$ *qmm* beträgt, enthält bei 0° 1 *ccm* Quecksilber; der Abstand beider Fixpunkte beträgt 180 *mm*. Um welchen Bruchteil seines ursprünglichen Rauminhaltes dehnt sich Quecksilber bei der Er-wärmung um 1° scheinbar aus? — [Für das Gedächtnis abgerundet auf $\frac{1}{5555}$.]

5) Ein Thermometer, dessen Rohrkaliber 1 *qmm* beträgt, enthält 2 *g* Weingeist von der Dichte 0,8 *g*. Welchen Abstand haben die benachbarten Grad-striche, wenn Weingeist sich bei der Erwärmung von 1° um $\frac{1}{800}$ seines ursprüng-lichen Rauminhaltes ausdehnt? — [$3\frac{1}{8}$ *mm*.]

6) Wie hoch ist ein Berg, wenn Wasser an seinem Fuß bei 100,64°, auf seiner Spitze zur selben Zeit bei 98,27° siedet? — [640 *m*.]

7) Ein Thermometer gibt bei 754,6 *mm* Barometerstand die Siede-temperatur des Wassers zu 100,2° an. Welche Verbesserung muß der obere Fix-punkt des Thermometers erfahren? — [—0,4°.]

8) Réaumur bezeichnete den unteren Thermometerfixpunkt mit 0°, den oberen mit 80°. Wieviel Celsius-Grade zeigen die Temperatur von 18 Réaumur-Graden an? — [$22\frac{1}{2}$°.]

9) Fahrenheit versah sein Thermometer mit einer Teilung, deren Nullpunkt die Temperatur einer Eis-Salmiak-Mischung angab; der Gefrierpunkt des Wassers kam dabei auf 32°, der Siedepunkt auf 212°. Wieviel hundertteilige Grade zeigen die Temperatur von 56 Fahrenheit-Graden an? — [$13\frac{1}{3}$°.]

10) Auf Grund der Angaben in 8) und 9) verwandle man 28 Celsius-Grade und 60 Fahrenheit-Grade in Réaumur-Grade, ferner 32 Celsius-Grade und 24 Réaumur-Grade in Fahrenheit-Grade. — [22,4° R.; $12\frac{4}{9}$° R.; 89,6° F.; $42\frac{2}{3}$° F.]

Dritter Abschnitt.
Die elektrischen Grundbegriffe.

1. Die Elektrisierbarkeit der Körper.

a. Der elektrische Zustand.

Reibt man einen Hartgummistab mit Pelzwerk oder einen Glasstab mit einem Lederlappen, der eingefettet und mit Amalgam d. h. einer Zink-Zinn-Quecksilbermischung bestrichen ist, so zieht der Stab benachbarte Körper z. B. aus Sonnenmark geschnittene Kügelchen an, um sie nach erfolgter Berührung wieder abzustoßen. Da bereits im 6. Jahrhundert v. Chr. Geb. die Griechen die gleiche Eigenschaft am Bernstein, griechisch Elektron, kannten, so nennt man den geriebenen Stab elektrisch und die erwähnte Eigenschaft Elektrizität. — Ein Draht, der an dem geriebenen Ende eines Glas- oder Hartgummistabes hängt, wird seiner ganzen Länge nach elektrisch, während das nicht geriebene Ende des Stabes unelektrisch bleibt. Deswegen heißt der Draht ein Leiter, der Stab ein Nichtleiter oder „Isolator" der Elektrizität. Da nun der Draht seine Elektrizität verliert, sobald man ihn mit der Hand von dem Stabe abhebt, nicht jedoch, wenn er mit Hilfe eines Isolators, etwa eines Seidenfadens, abgehoben wird, so muß man jeden elektrisierten Leiter „isolieren", nämlich durch Glas oder Hartgummi vor der Berührung mit andern Leitern schützen, wenn man ihm seine Ladung erhalten will.

Vgl. Gilbert, Tractatus sive physiologia nova de magnete, magneticisque corporibus et magno magnete tellure. 1628. (Erste Ausgabe 1600.) S. 54: „Vim illam electricam nobis placet appellare, quae ab humore provenit."

Gray, Philosophical transactions. For the years 1731, 1732. London 1733. S. 18—31.

b. Das elektrische Grundgesetz.

Zum Nachweis schwacher elektrischer Kräfte dient das elektrische Pendel. Dasselbe entsteht, wenn man ein Sonnenmarkkügelchen an einem Kokonfaden aufhängt. Berührt das Kügelchen einen geriebenen Glasstab, so wird es elektrisch, da Sonnenmark ein Leiter ist; nach der Berührung wird das Pendel von dem Glasstab abgestoßen, von einem geriebenen Hartgummistabe angezogen. Ist das Pendel durch Hartgummi elektrisiert, so wird es von letzterem abgestoßen, von geriebenem Glase angezogen. Da sonach elektrische Ladungen, je nachdem sie von Glas oder Hartgummi herrühren, verschiedenes Verhalten zeigen, so müssen sie als Glas- und Hartgummielektrizität, kürzer als Glas- und

Harzelektrizität unterschieden werden. Dann liefert der Pendelversuch das elektrische Grundgesetz: Zwischen elektrischen Ladungen besteht Abstoßung, wenn sie gleichnamig, Anziehung, wenn sie ungleichnamig sind. **(19)**

Vgl. du Fay, Versuche und Abhandlungen von der Electricität derer Cörper. Aus dem Frantzösischen ins Teutsche übersetzt. Erfurth, 1745. — S. 104—139: Vierte Abhandlung, Nov. 1733, Von der Anziehung und Zurücktreibung derer electrischen Cörper.

c. Das elektrische Leitungsvermögen.

Auf dem Abstoßungsgesetz gleichnamiger Ladungen beruht das „Elektroskop" (Bild 33). Dabei ist ein Metallstab, der oben in einem kugelförmigen Knopf, unten in zwei gleichen, dicht neben einander pendelnd aufgehängten Streifchen aus Blattgold endet, zum Schutz der Blättchen gegen Luftströmungen wie auch zum Zweck der Isolation dem Hals eines Glasgefäßes eingepaßt. Elektrisch geladen wird das Elektroskop am besten so, daß ein Draht zwischen dem Knopf und einem Isolator ausgespannt und mit einem geriebenen Glas- oder Hartgummistab berührt wird; in einem Augenblick entladen wird es durch Antippen des Knopfes mit dem Finger, besser noch durch metallische Verbindung mit der Gas- oder Wasserleitung, den sogenannten Erdanschluß. Bei der Ladung spreizen sich die Blättchen, bei der Entladung fallen sie zusammen. Nach der Schnelligkeit der Entladung lassen sich nun noch verschiedene Grade des „elektrischen Leitungsvermögens" der Körper unterscheiden, wenn man nämlich letztere zwischen dem Knopf des Elektroskops und der Hand einschaltet. Es zeigt sich, daß die Metalle die besten, Glas, Hartgummi, Siegellack die schlechtesten Leiter sind; dazwischen reihen sich „Halbleiter" wie trockenes Holz und Wolle. Glassorten, die in feuchter Luft leitend werden, vermutlich weil sie mit einer unmerklich feinen Wasserhaut sich überziehen, müssen zum Zweck dauernder Isolation gefirnißt werden; vorübergehend isolieren sie, wenn man sie trocken reibt und erwärmt.

2. Die Ladungsmenge.
a. Die Unveränderlichkeit der Ladungsmenge.

Die Ladungsmenge eines Elektroskops kann nach dem Winkel beurteilt werden, unter dem seine Blättchen sich auseinander spannen. Sollen die Ladungsmengen, die ein anderer isolierter Leiter zu verschiedenen Zeiten hat, mit einander verglichen werden, so muß er durch einen Draht dem Knopf eines Elektroskops angeschlossen werden. Dabei zeigt sich aber, daß mit zunehmender Annäherung des angeschlossenen Leiters an den Knopf der Spannungswinkel der Blättchen wächst und erst in hinreichender Entfernung des Leiters vom Elektroskop sich nicht mehr merklich ändert. In diese Entfernung vom Elektroskop, die meistens geringer als $1/2$ *m* ist, muß man daher den angeschlossenen Leiter mindestens bringen, wenn der Blättchenwinkel ein gleichbleibendes Merkmal der vorgelegten Ladungsmenge sein soll. — Von zwei gleichen Elektroskopen, denen durch gleiche Drähte gleiche isolierte Leiter an= geschlossen sein mögen, legen wir demjenigen die größere Ladungsmenge bei, dessen Blättchen sich um den größeren Winkel spreizen. Hat nun das erste Elektroskop den Winkel α_1, das zweite (ungeladene) den Winkel 0° und läßt man die Leiter einander berühren, so nehmen beide Blättchenpaare gleiche Winkel α an, die kleiner als α_1 sind. Danach hat das erste Elektroskop an Ladungsmenge verloren, das zweite gewonnen, ein Vorgang, der als ein Übergehen von Elektrizität beschrieben wird. In allen Fällen solcher Art betrachten wir Ladungs= gewinn und Ladungsverlust als gleich und setzen damit fest: **Geht von einem Körper Elektrizität auf einen zweiten über, so bleibt die gesamte Ladungsmenge beider Körper ungeändert.** *(20)*

b. Positive und negative Ladungen.

Erteilt man gleichen Elektroskopen mit gleichen Anschlußkörpern gleichnamige Ladungen vom Winkel α, so drückt die Unveränderlichkeit der gesamten Ladungsmenge sich darin aus, daß nach der gegenseitigen Berührung der beiden Anschlußkörper die Winkel α bleiben. Enthalten aber beide Elektroskope ungleichnamige Ladungen vom Winkel α, so sinken nach der Berührung der Anschlußkörper beide Blättchenwinkel und somit die gesamte Ladungsmenge auf null. Damit nun auch für diesen Fall die Grundfestsetzung von der Unveränderlichkeit der Ladungsmenge giltig bleibt, nennen wir Glasladungen positiv $(+ \mathrm{E})$, Harzladungen negativ $(- \mathrm{E})$. Dann wird der Fall gleichnamiger Ladungen durch die Gleichungen $(+\mathrm{E}) + (+\mathrm{E}) = + 2\,\mathrm{E}$ oder $(-\mathrm{E}) + (-\mathrm{E}) = -2\,\mathrm{E}$, der Fall ungleichnamiger Ladungen durch die Gleichung $(+\mathrm{E}) + (-\mathrm{E}) = 0$ dargestellt. — Erkannt wird das Vorzeichen einer Ladung am einfachsten nach dem elektrischen Grundgesetz, indem man sie nämlich einem elek= trischen Pendel von bekannter Ladung annähert.

Anmerkung: Durch Reibung mit Pelzwerk wird gewöhnliches Glas negativ, durch Reibung mit amalgamiertem Leder wird Hartgummi positiv elektrisch. Zu= gleich erhält das Reibzeug stets die entgegengesetzte Ladung des geriebenen Körpers.

Vgl. Benjamin Franklin, Experiments And Observations On Electricity. London 1769 (erste Ausgabe 1751). — Brief I 1747 S. 8 f. — Brief V, S. 41, § 8.

c. Die Ladungsdichte.

Die Frage, wie unter dem Einfluß der gegenseitigen Abstoßung gleichnamiger Ladungen auf einem isolierten Leiter seine Gesamtladung sich verteilt, wird mit Hilfe des „Probescheibchens" entschieden, eines Bleches von 1 *qcm* Fläche nämlich, das an einem Glasstiel befestigt ist. Um die in Betracht kommenden Umstände beisammen zu haben, wählen wir einen Leiter von recht mannigfaltiger Gestalt, z. B. einen Hohlzylinder mit vorspringendem, kegelförmigen Boden. Ist der Zylinder kräftig geladen, so fallen die Ladungsmengen, die man dem Zylinder durch jedesmaliges Aufdecken des Probescheibchens an derselben Stelle entnimmt, merklich gleich aus und sind gleich null, wenn die Berührungs= stelle tief im Innenraum des Hohlkörpers liegt, wie durch Anschluß des abgehobenen Probescheibchens an ein Elektroskop zu prüfen ist. Da nun durch Aufdeckung des Probescheibchens die bedeckte Fläche zum Innen= raum wird, während das Scheibchen selbst die äußere Oberfläche des Leiters ersetzt, so übernimmt das Probescheibchen von der bedeckten Stelle fast die gesamte Ladung, die wir die Ladungsdichte des Leiters an der betreffenden Stelle nennen. Die beschriebene Untersuchung unseres Hohlzylinders liefert die Erkenntnis: Die Ladungsdichte eines Leiters nimmt mit der Krümmung der hervorsprin= genden Oberflächenteile zu, der einspringenden Oberflächen= teile ab und ist im Innern des Leiters gleich null. **(21)**

Genau würde das Probescheibchen die Ladung von 1 *qcm* der Leiteroberfläche entnehmen, wenn es sich der Oberflächenform genau anpassen und von allen Berührungspunkten gleichzeitig abheben ließe.

3. Die elektrische Verteilung.

a. Auf einem isolierten Leiter.

Nähert man einem lotrechten Metallstab, der isoliert und seiner Länge nach mit beweglich aufgehängten Streifchen aus Goldpapier be= setzt ist, von unten her einen geladenen Körper, so spreizen sich die Endstreifchen bereits vor der Berührung zwischen Stab und Körper, während das mittlere Streifchen in seiner Lage bleibt (Bild 34). Unter= sucht man bei dem Metallstab oder einem beliebigen anderen isolierten Leiter in seiner Lage die Ladungsdichte mit Hilfe des Probescheibchens und des elektrischen Pendels, so zeigt sich: Jeder elektrische Körper ruft auf den entfernteren Oberflächenteilen eines benach= barten isolierten Leiters gleichnamige, auf den näheren un= gleichnamige Ladungsdichten hervor. **(22)**

Diese Wirkung der elektrischen Kräfte heißt elektrische Verteilung. Läßt man dieselbe auf einem trennbaren isolierten Leiter eintreten (Bild 35), so ergibt nach Trennung der beiden Teile der Anschluß des einen an ein Elektroskop eine Ladungsmenge, welche durch weiteren Anschluß auch des zweiten Teiles wieder auf null sinkt. Daraus folgt: Durch elektrische Verteilung wird die Ladungsmenge eines isolierten Leiters nicht geändert. **(23)**

Vgl. Gray, a. a. O. S. 33 f.

b. Auf einem Leiter mit Erdanschluß.

Wo man auch immer den lotrechten Metallstab, unterhalb dessen ein geriebener Glasstab sich befinde, mit dem Finger berühren mag, so ändert sich die Lage der Papierstreifchen stets in gleicher Weise. Die Spreizung des untersten wird größer als vordem; die andern Streifchen zeigen eine um so geringere Spreizung, je weiter sie aufwärts liegen. Nach Entfernung des Fingers und des Glasstabes werden alle Spreizungs=winkel gleich, und der Metallstab zeigt am elektrischen Pendel eine negative Ladung. Die stärkere Spreizung des untersten Streifchens läßt erkennen, daß am unteren Ende des Metallstabes die negative Ladungsdichte zugenommen hat, während die positive des oberen Endes verschwunden ist. Wird die elektrische Verteilung durch einen Hart=gummistab bewirkt, so bleiben die beschriebenen Erscheinungen, nur daß sämtliche Vorzeichen sich umkehren. D. h.: **Wirkt ein elektrischer Körper verteilend auf einen Leiter mit Erdanschluß, so hat nach Beseitigung des Erdanschlusses und des elektrischen Körpers der Leiter eine ungleichnamige Ladung.**   **(24)**

c. Schirmwirkung.

Um einen Ladungsübergang zwischen Metallstab und elektrischem Körper auszuschließen, pflegt man beide durch eine Glasplatte zu trennen. Dieselbe übt wie auch jeder andere Nichtleiter keinen merklichen Einfluß auf die elektrische Verteilung aus und heißt deshalb „durchlässig für die elektrische Kraft", kurz „ein Dielektrikum". Ein trennendes isoliertes Blech hingegen setzt die elektrische Verteilung herab, ein Blech mit Erd=anschluß hebt sie ganz auf, eine Tatsache, die man als Schirmwirkung bezeichnet. Schon ein bloßer Draht mit Erdanschluß führt eine merk=liche Schirmwirkung herbei.

4. Das elektrische Niveau.

a. Die Vergleichung elektrischer Niveaus.

Die elektrischen Erscheinungen werden sehr bequem mit Hilfe des „elektrischen Niveaus" beschrieben. Ein Raum, in welchem die Kräfte eines elektrischen Körpers wirken, heißt ein elektrisches Feld, der Körper selbst ein Felderreger. Ein Elektroskop ist einem Felde entrückt, wenn die Kräfte des Felderregers die Blättchen nicht mehr auseinandertreiben. Schließt man solch fernem Elektroskop durch einen Draht eine kleine Probekugel an, so wächst der Blättchenwinkel, wenn die Probekugel sich dem Felderreger nähert. Alle Stellungen der Probekugel, in welchen der Blättchenwinkel unverändert bleibt, liegen auf einer Fläche, die elektrisches Niveau heißt; je größer der Blättchenwinkel ist, desto „höher" nennt man das Niveau. Danach ist jeder Felderreger von unendlich vielen Niveauflächen eingeschlossen, die bei einer felderregenden Metall=kugel Kugeloberflächen mit gemeinsamem Mittelpunkte sind. Legt man durch einen Punkt des Felderregers eine Zeichnungsebene, so schneidet dieselbe alle Niveauflächen in „Niveaulinien". Viele Niveaulinien eines unregelmäßig gestalteten Felderregers (Bild 36) gewähren denselben Anblick, als wenn man in vielen verschiedenen Höhen durch einen Berg wagerechte Schnittebenen legt und die Schnittlinien der Bergoberfläche auf die wagerechte Grundebene ablotet. Die Niveauvergleichung ruht auf der Annahme: Ein kleiner Leiter macht die Niveau=schwankungen des einschließenden Isolators mit, die des Felderregers in geringerem Grade.   (25)

b. Der Niveauausgleich.

Bringt man die gleichen Probekugeln zweier gleichen Elektroskope auf verschiedene Niveaus eines positiven Feldes (Bild 37) und läßt man nun die Anschlußdrähte einander berühren, so zeigen beide Elek=troskope ein gleiches mittleres Niveau an; zugleich hat die Kugel von erst höherem Niveau eine negative, die andre eine positive Ladungs=dichte. Es hat also ein Ladungsübergang zwischen beiden Kugeln stattgefunden. Da nun metallisch verbundene Leiter einen Leiter aus=machen, so ist der beschriebene Vorgang nur ein Beispiel zur elektrischen Verteilung, deren Gesetz folglich so ausgesprochen werden kann: Auf einem Leiter, der Orte verschiedenen elektrischen Niveaus verbindet, strömt (positive) Ladung vom höheren zum tieferen Niveau, bis der Niveauunterschied verschwunden ist.
(26)

Dieser Satz gilt auch noch, wenn beide Probekugeln nicht unter dem Einfluß eines andern Felderregers stehen, sondern anfänglich ver=schiedene Ladungen haben und damit selbst die Rolle von Felderregern übernehmen. Kommen negative Felderreger oder Ladungen in Frage, so ist bei Vergleichung der Niveauhöhen das Vorzeichen zu beachten, wonach z. B. negative Ladungen zum höheren Niveau gehen.

c. Folgerungen.

α. *Der Oberflächensatz.* Aus dem Satz vom Niveauausgleich folgt: Die Oberfläche jedes Leiters, der von elektrischen Ladungen nicht durchflossen wird, ist eine Niveaufläche.
(27)

Bestätigt wird diese Folge, wenn man die ganze Oberfläche eines Leiters, z. B. eines Hohlzylinders, mit der Probekugel eines ange=schlossenen fernen Elektroskops absucht. Dabei beachte man den Gegen=

satz zwischen Niveau und Ladungsdichte; so hat auf der inneren Bodenfläche der Hohlzylinder die Ladungsdichte null, dagegen ein ebenso hohes Niveau wie auf der Außenfläche.

β. *Das Niveaugefälle.* Wie man aus den Niveaulinien eines Berges auf die Steilheit des Gefälles und damit auf die Gewalt schließen kann, womit das Wasser abfließt, so auch aus den Niveau= linien eines elektrischen Feldes auf die Stärke der elektrischen Kräfte. Bestimmt man nämlich eine Reihe von Niveaulinien für den (in 2, c) erwähnten geladenen Hohlzylinder, so zeigt sich (Bild 38), daß dieselben in den Hohlraum nicht eintreten, dagegen um so näher an einander rücken, je stärker die Krümmungen der vorspringenden Außenfläche sind, daß also im Innern des Zylinders keine, an den erwähnten Krümmungen starke Niveauunterschiede vorhanden sind. Spricht man nun von „Ge= fälle an irgend einer Stelle eines elektrischen Feldes" mit genau der entsprechenden Bedeutung wie bei den Niveaulinien eines Berges, so ergibt sich mit Rücksicht auf den Satz von der Ladungsdichte: An irgend einer Oberflächenstelle eines Leiters ist die Ladungs= dichte desto größer, je steiler daselbst das elektrische Ge= fälle ist. **(28)**

γ. *Sinkendes und steigendes Gefälle.* Von der Oberfläche eines positiven Felderregers aus sinkt nach außen das Gefälle, während es bei einem negativen Felderreger steigt, und umgekehrt: Sinkt bei einem Leiter an einer Oberflächenstelle nach außen hin das elektrische Gefälle, so ist daselbst die Ladungsdichte positiv, bei steigendem Gefälle negativ. **(29)**

Dieser Satz gilt nicht allein bei „ersten" Felderregern, sondern auch bei Leitern, die lediglich durch elektrische Verteilung Felderreger werden. Denkt man nämlich im Felde eines positiven Erregers einen ausgedehnten Leiter aus lauter kleinen, zunächst gegenseitig isolierten Stücken zusammengesetzt, so wird das Niveau jedes Stückes desto höher sein, je näher es dem Felderreger steht. Nach leitender Verbindung aller Stücke stellt sich bei allen ein gleiches, mittleres Niveau ein (nach 4 b), so daß die höheren und tieferen Niveaulinien von ihrem Wege abbiegen und außen um den ausgedehnten Leiter herumlaufen (Bild 39). Dadurch entsteht auf der dem positiven Felderreger näheren Seite steigendes Niveaugefälle und negative Ladungsdichte, auf der andern Seite sinkendes Niveaugefälle und positive Ladungsdichte. Da auch das Elektroskop mit seiner Probekugel nur einen ausgedehnten Leiter ausmacht, dessen eines Ende dem elektrischen Felde entrückt ist, so gibt das Elektroskop nicht das Niveau des die Probekugel ein= schließenden Isolators, sondern nur einen Bruchteil davon an.

5. Übungen.

1) In welcher Richtung wird die Ladungsdichte an irgend einer Stelle eines Leiters von der übrigen ruhenden Gesamtladung des Leiters abgestoßen? — [Vgl. Phyf. Mech. Satz. 31.]

2) Wie muß ein isolierter, dünner Draht in einem elektrischen Felde ausgespannt werden, damit seine Ladung durch die elektrischen Kräfte des Feldes nicht verschoben wird? — [Satz 26.]

3) In welcher Richtung wird ein geladenes Pendel durch die Kräfte eines elektrischen Feldes angetrieben? — [Vgl. Aufgabe 2.]

4) In ein elektrisches Feld wird ein geladenes Pendel von 5 cg Masse so weit eingeführt, daß der 15 cm lange (nichtleitende) Kokonfaden von der Lotrichtung um 30^0 abweicht und zugleich in seinem unteren Endpunkte eine Niveaufläche des Feldes berührt. Welche Arbeit gewinnt dabei das Pendel? — [Vgl. Aufgabe 3; die Hubhöhe werde entweder durch Rechnung oder durch genaue Zeichnung und Ausmessung gefunden; 0,1 ae.]

5) Ein Bergkegel sei durch Niveaulinien dargestellt, die zu je 100 m Höhenunterschied gehören; in der 10 000 fach verkleinernden Zeichnung erhalten die benachbarten Niveaulinien einen Abstand von je 1 cm. Welchen Winkel bildet der Bergabhang mit der Lotlinie? Welchen also mit der wagerechten Grundebene? — [45^0.]

6) Warum wird ein unelektrischer Körper durch einen elektrischen angezogen?

7) In das elektrische Feld einer geladenen Metallkugel wird ein lotrechter, unelektrischer, isolierter Metallstab gebracht. Wie könnte man durch angehängte Papierstreifchen den Halbmesser der Kugeloberfläche finden, deren elektrisches Niveau der Metallstab annimmt?

Vierter Abschnitt.
Anwendung der elektrischen Grundbegriffe.

1. Das Elektroskop.
a. Verbesserung desselben.

Da beim Elektroskop etwaige Ladungen des Glasgefäßes, wie sie z. B. beim Staubwischen entstehen, die Blättchen durch elektrische Verteilung spreizen, so beklebt man das Gefäß mit Blattzinn oder ersetzt es besser durch ein Metallgehäuse, an dem 2 Glaswände die Beobachtung der Blättchen gestatten. Gibt noch eine auf Glas oder Glimmer ausgeführte Teilung den Ausschlagswinkel an, so ist das Elektroskop zu Messungen geeignet und heißt deshalb Elektrometer. Bei dem Braunschen Elektrometer (Bild 40) hängt statt der Goldblättchen ein langes Streifchen aus dünnem Aluminiumblech an dem isoliert in das Gehäuse geführten Metallstabe herab und zwar an einer wagerechten Achse, die nur wenig über dem Schwerpunkt des Streifchens liegt und um die halbe Länge des Streifchens vom unteren Stabende entfernt ist.

Isoliert man das Elektroskop durch eine untergelegte Hartgummi=
platte, so kann man dem Knopf und dem Gehäuse durch angeschlossene
Ladungsdrähte beliebige elektrische Niveaus erteilen. Bei Niveaugleich=
heit, nämlich wenn die Anschlußdrähte einander berühren, erfolgt kein
Ausschlag, da ja an der Blättchenoberfläche kein Niveaugefälle und also
auch keine Ladungsdichte herrscht. Überwiegt das Niveau des Knopfes,
so haben die Blättchen sinkendes Niveaugefälle und damit positive
Ladungsdichte; hat das Gehäuse höheres Niveau, so folgt für die
Blättchen steigendes Gefälle und negative Ladungsdichte. Da sonach
das Elektroskop nur den Niveauunterschied zwischen Knopf und Ge=
häuse anzeigt, so dürfen wir das eine Niveau beliebig wählen; wir
schließen nun das Gehäuse stets an den Erdkörper an und setzen damit
fest: Das elektrische Niveau der Erde ist gleich null. **(30)**

b. Entscheidung über das Ladungsvorzeichen.

Bringt man in die Nähe eines Elektroskopenknopfes einen positiven
Felderreger, so erhält der Knopf ein positives Niveau, das einen Aus=
schlag der Blättchen hervorruft. Bringt man darauf den Knopf durch
Erdanschluß auf das Niveau null des Gehäuses, so fallen die Blättchen
völlig zusammen; zugleich ist vom höheren Niveau des Blättchenträgers
(nach 26) positive Ladung auf den Erdkörper übergegangen, so daß
die Gesamtladung des Blättchenträgers negativ geworden ist. Durch
Aufhebung des Erdanschlusses steigt wieder in der Nähe des Knopfes
das Niveau des Isolators und damit auch des Blättchenträgers, so daß
ein kleiner positiver Ausschlagswinkel folgt. Entfernt man nun langsam
den Felderreger, so wird das Niveau des Blättchenträgers stetig sinken,
bei geeigneter Stellung des Felderregers null und nach Aufhebung des
Feldes negativ werden. So kann man ein Elektroskop durch einen
positiven Felderreger negativ, durch einen negativen Felderreger positiv
und zwar beliebig stark laden. Umgekehrt läßt sich das Ladungsvor=
zeichen eines Felderregers durch Annäherung an ein Elektroskop von
bekannter Ladung prüfen. Wächst bei der Annäherung eines
Felderregers der Ausschlagswinkel des Elektroskops, so be=
sitzt der Felderreger mit dem Blättchenträger gleichnamiges,
im andern Falle ungleichnamiges Niveau. **(31)**

c. Die Spitzenentladung.

Fährt man in einiger Entfernung über dem Knopf eines Elektroskops
mit einem Felderreger hin, so bleibt das Elektroskop ungeladen; schließt
man dem Knopf eine Metallspitze an, so erhält bei dem Vorgang der
Blättchenträger eine gleichnamige Ladung mit dem Felderreger. Diese
Tatsache erklärt sich durch die höchste Ladungsdichte, die bei einem Leiter
an Oberflächenstellen stärkster Krümmung d. h. an Spitzen auftritt;
hier werden die berührenden Luftteilchen am stärksten geladen, daher

auch am kräftigsten abgestoßen und durch ungeladene ersetzt, so daß an Spitzen eine entladende Luftströmung entsteht. Da nun bei dem beschriebenen Versuch die Spitze durch die elektrische Verteilung des Felderregers ungleichnamige Ladungsdichte erhält, so bleibt nach der Spitzenentladung gleichnamige Ladung auf dem angeschlossenen Metallkörper zurück. Deshalb müssen Leiter, die ihre Ladung lange behalten sollen, rundliche Formen haben. — Noch vollkommener entladend als eine Spitze wirkt eine Flamme, in welche der Entladungsdraht führt.

2. Der Kondensator.
a. Die elektrische Kapazität.

Berührt man mit einer positiv geladenen Probekugel den Innenboden eines isolierten Metallbechers, der einem fernen Elektroskop angeschlossen ist, so geht (nach Satz 21) die gesamte Ladung der Kugel auf den Becher über, wie durch Annäherung der Kugel an ein zweites Elektroskop sich zeigt. Bei mehrfacher Wiederholung dieses Vorganges steigt mit der Ladungsmenge des Bechers zugleich sein elektrisches Niveau, wie das angeschlossene Elektroskop erkennen läßt. Aber die Ladungsmenge des Bechers ist nicht allein bestimmend für sein elektrisches Niveau. Denn nähert man 1. dem Becher einen positiven Felderreger, so steigt dasselbe; nähert man statt dessen 2. einen isolierten Leiter, so sinkt das Niveau ein wenig, dagegen außerordentlich stark, wenn man 3. den Leiter an die Erde schließt. Besonders augenscheinlich wird der Einfluß des Leiters bei einem Metallbecher, der in den ersten Becher eingesenkt wird, ohne ihn zu berühren. Will man daher die Ladungsmenge eines Leiters durch sein elektrisches Niveau bestimmen, so muß man die drei außerdem erwähnten Umstände berücksichtigen. Die Aufnahmefähigkeit eines Leiters für Elektrizität, kurz seine elektrische Kapazität, beurteilen wir deshalb nach folgender Erklärung: Von zwei Leitern hat derjenige die größere elektrische Kapazität, der bei gleichem Niveau die größere positive Ladungsmenge oder bei gleicher positiver Ladungsmenge das tiefere Niveau hat, wenn keine Felderreger in der Nähe sind und alle nahen Leiter Erdanschluß besitzen. (32)

b. Kondensatorformen.

Da bei jedem isolierten Leiter durch die Nähe eines erdangeschlossenen Leiters das Niveau bedeutend sinkt und folglich die Kapazität bedeutend steigt, so gestattet ein solches Leiterpaar sehr große Ladungsmengen auf kleinem Raum zu sammeln oder zu „verdichten". Jedes Leiterpaar, das zur Elektrizitätsansammlung dient, heißt ein Kondensator (= Verdichter). Ein „Plattenkondensator" sind zwei gegen einander bewegliche, gleichgerichtete Metallplatten, die durch eine Nichtleiterschicht getrennt sind; dabei nennt man die isolierte Platte die Sammelplatte, die Platte mit Erdanschluß die Verdichtungsplatte. Bei einer „Frank=linschen Tafel" ist eine Glasscheibe unter Freilassung eines breiten, ge=firnißten Randes beiderseits mit Blattzinn beklebt. Setzt man die oben erwähnten Metallbecher so in einander, daß sie durch ein Standglas getrennt bleiben, so entsteht eine „Leydener Flasche"; bequemer freilich stellt man dieselbe (Bild 41) her, wenn man das Standglas unter Freilassung eines breiten, gefirnißten Randes innen und außen mit Blattzinn belegt und die Zuleitung zur inneren Belegung durch einen Metallstab bewirkt, der unten Metallfäden und oben eine Kugel trägt und durch den Hartgummideckel des Standglases aufrecht gehalten wird. Der breite Rand soll bei starken Ladungen die Entladung des Konden=sators verhüten.

Vgl. 2 Briefe des Dom Dechanten von Kleist, mitgeteilt in „Krügers Geschichte der Erde, Halle, 1746" S. 177—184.

c. Der Grund für die Kondensatorwirkung.

Die Wirksamkeit des Kondensators erklärt sich ohne weiteres aus der Grundannahme von den Niveauschwankungen (Satz 25). Bringt man nämlich in das positiv elektrische Feld der Sammelplatte die zu=nächst noch isolierte Verdichtungsplatte, so nimmt dieselbe das Niveau des einschließenden Isolators an; durch Erdanschluß sinkt das Niveau der Verdichtungsplatte auf null, so daß zugleich in der Nachbarschaft und somit auch auf der Sammelplatte eine Niveausenkung eintritt. Daher ist bei unveränderter Ladungsmenge der Sammelplatte das Niveau gesunken und dadurch die Kapazität gestiegen.

3. Die Elektrisiermaschine.
a. Beschreibung derselben.

α. Vorbereitung. Zur massenhaften Erzeugung von Elektrizität dienen die Elektrisiermaschinen. Wir beschreiben nur die beste Form derselben, die man „Influenzmaschine" nennt, weil sie auf der elektrischen „Verteilung" = „Influenz" beruht. Stellt man einem positiven Felderreger (Bild 42) eine Reihe von Metallspitzen, einen sogenannten Spitzenkamm, gegenüber und schließt dem Spitzenkamm einen „Leiter" = „Konduktor" an, so geht infolge der elektrischen Verteilung positive Ladung von den Spitzen zum Konduktor, während die negative Ladung des Spitzenkammes auf den Felderreger ausströmt. Derselbe Vorgang kann beliebig oft wiederholt werden, wenn man nur den Konduktor, z. B. durch Erd=anschluß, stets entladet und dem Felderreger immer wieder das anfäng=liche Niveau gibt, so daß also im Konduktor ununterbrochen positive Ladung vom Spitzenende nach dem andern Ende hin fließt. Die Niveauerhaltung des Felderregers wird dadurch erreicht, daß man zwischen ihn und den Spitzenkamm ein festes Dielektrikum, nämlich eine bewegliche Glasscheibe, bringt, die Konduktorentladung dadurch, daß man der beschriebenen Vorrichtung mit positivem Felderreger eine gleiche mit negativem Felderreger gegenüberstellt und beide ungleichnamigen Konduktoren mit einander verbindet.

β. *Die Ausführung* des entwickelten Gedankens ist diese (Bild 43). Zwei aufrechte, gefirnißte, kreisrunde Glasscheiben, eine feststehende und eine um ihren Mittelpunkt drehbare, sind möglichst dicht ohne gegenseitige Berührung zusammengeschoben. Die Außenseite der festen Scheibe trägt ausgedehnte, getrennte Papierbelegungen, die, geladen, die Felderreger abgeben; vor der Außenseite der beweglichen Scheibe stehen den Mitten beider Papierbelegungen zwei wagerechte Spitzenkämme gegenüber, die leitend mit zwei wagerechten Metallstangen, den Konduktoren, verbunden sind; letztere fallen, verlängert, in dieselbe Gerade und können an Hartgummigriffen zusammen oder auseinander gerückt werden. — In dieser Aufstellung unterstützen sogar noch beide Felderreger einander in ihrer Wirkung. Ist z. B. der linke positiv und wird die Achse der beweglichen Scheibe durch eine kleine Schwungmaschine im Uhrzeigersinne gedreht, so entströmt dem linken Spitzenkamm beständig negative Ladung, die nach einer halben Drehung die Feldwirkung der negativen Belegung anfänglich erhöht und durch die Entladungen des rechten Spitzenkammes in positive umgewandelt wird. Daher ist der von den Spitzenkämmen bestrichene Teil der beweglichen Scheibe auf seiner oberen Hälfte negativ, auf seiner unteren positiv geladen.

γ. *Die Selbsterregung.* Die Ladungen der beweglichen Scheibe dienen zugleich dazu, die unvermeidlichen Ladungsverluste der Papierbelegungen zu ersetzen. Zu dem Zweck ist der geladene Kreisring mit einem Kranz gleichabständiger kleiner Kreise aus Blattzinn beklebt, die in der Mitte vorspringende Metallbuckel tragen. Von den Papierbelegungen greift nun ein Metallbügel, der in je einen Metallpinsel endet, auf die Außenseite der beweglichen Scheibe herum, und zwar so, daß die Buckel von dem Pinsel stets bestrichen werden, ehe sie den Spitzenkamm der zugehörigen Belegung erreichen. Da zwischen dem Pinsel und seiner Belegung kein Niveaugefälle herrscht, so wird jeder dazwischen hindurchgleitende Zinnkreis, sobald sein Buckel an den Pinsel streift, fast seine ganze Ladung an Pinsel und Belegung ebenso abgeben wie ein Probescheibchen, welches die Innenfläche eines Hohlzylinders berührt. Auf diese Weise werden die Ladungen der Papierbelegungen so lange wachsen, bis die mit ihrer Ladungsdichte zunehmenden Verluste gleich der beständigen Zufuhr werden. Dabei genügt für den Anfang der geringste Niveauunterschied beider Belegungen, wie sie verschiedene Stellen einer Glasscheibe fast immer haben, um die Maschine „angehen" zu lassen, so daß nach einigen Umdrehungen die Belegungen starke Felderreger sind.

δ. *Der Nebenkonduktor.* Bei den bisher beschriebenen Vorgängen der Maschine mußten die Konduktoren beständig entladen werden, d. h. zusammengerückt sein. Trennt man sie von einander, um ihren Enden, die man auch Pole nennt, je nach Bedarf Ladung entnehmen zu können, so wird das Niveau des positiven Konduktors durch seine negativen Spitzenentladungen so weit steigen, das des negativen Konduktors so weit sinken, bis die Niveaus der benachbarten Belegungen erreicht sind. Dann aber hört das Niveaugefälle zwischen Spitzenkamm und Belegung, somit die Spitzenentladung und folglich auch die Ladung der beweglichen Scheibe auf, so daß die unvermeidlichen Ladungsverluste beider Belegungen keinen Ersatz erhalten und ihre Niveaus der Nullage sich nähern. Ja sogar muß, da die gleichzeitigen Ladungsverluste der Konduktoren vorwiegend an den Spitzen vor sich gehen, eine ungleichnamige Ladung der beweglichen Scheibe wie vordem, infolgedessen eine beschleunigte Schwächung der Felderreger und schließlich, falls die Spitzenentladung der Konduktoren noch fortdauert, eine Umkehrung der Erregerniveaus, ein sogenannter Polwechsel der Maschine, eintreten. Diese schädlichen Folgen einer Nichtentladung der „Hauptkonduktoren" werden vermieden, wenn man — im Drehungssinne der beweglichen Scheibe — hinter die erwähnten Spitzenkämme gegenüber den Belegungen noch zwei andere Spitzenkämme setzt und durch den „Nebenkonduktor" dauernd verbindet. Da auf die richtige Ladung der kleinen Zinnkreise alles ankommt, so pflegt man die Spitzenkämme des Nebenkonduktors noch mit Metallpinseln auszurüsten, welche die Metallbuckel streifen.

Anmerkung: Daß die Vorgänge der Maschine in der beschriebenen Art verlaufen, zeigt sich, wenn man die Ladungen aller Maschinenteile durch ein Probescheibchen absucht.

b. Anwendung der Elektrisiermaschine.

Die Ladungen der Maschinenpole hat man zu einer Unzahl von Spielereien benutzt, die sämtlich auf dem elektrischen Grundgesetz beruhen und hier übergangen werden. Ein Leiter, welcher durch Anschluß an einen Pol geladen werden soll, ist natürlich zu isolieren, der menschliche Körper am besten durch einen „Isolierschemel" d. h. einen Schemel mit Glasfüßen; dabei ist, wie aus der Wirkungsweise der Elektrisiermaschine folgt, der andere Pol durch Erdanschluß zu entladen. Eine wesentlich neue Wirkung, nämlich eine seltsame Licht- und Schallerscheinung, entsteht, wenn man bei passendem Abstande beider Pole, z. B. von 10 cm, ihre entgegengesetzten Niveaus durch fortgesetzte Drehung der Maschine sich immer weiter von einander entfernen läßt. Sind beide Pole abgerundet, so springt zwischen ihnen plötzlich unter heftigem Knall auf hellleuchtender Zickzackbahn „ein elektrischer Funke" über, welcher die Pole entladet; sind letztere zugespitzt, so erfolgt die Entladung ununterbrochen, wobei im Dunkeln an der leise zischenden positiven Polspitze ein rötliches „Büschellicht", an der negativen Polspitze ein bläulicher Lichtpunkt, das „Glimmlicht", erscheint. Übrigens können im Dunkeln an der Elektrisiermaschine alle drei Entladungsarten zugleich beobachtet werden, nämlich zwischen den Polkugeln und an den Spitzenkämmen.

c. Die Funkenentladung.

α. Länge und Stärke der Funken. Beim Angehen der Maschine werden nur geringe, später, wenn der Niveauunterschied der Belegungen und also auch der Pole größer geworden ist, große Polabstände von den Funken übersprungen. Vergrößert man dagegen die elektrische Kapazität der Hauptkonduktoren, indem man sie den inneren Belegungen je einer Leydener Flasche anschließt, während die äußeren Belegungen mit einander oder mit der Erde verbunden sind, so wird die Funkenentladung seltener, zugleich aber ihre Licht= und Schallerscheinung stärker. D. h.: Die Funkenlänge zwischen denselben Metallkugeln wächst mit dem Niveauunterschied der Kugeln, die Funkenstärke mit der Ladungsmenge, die im Funken übergeht. *(33)*

β. Funkenwirkungen. Wie die Luft so wird bei hinreichendem Niveauunterschied der Pole auch jeder andere trennende Isolator z. B. Glas von dem elektrischen Funken durchbrochen; so werden Leydener Flaschen, wenn man sie überladet, durchschlagen und dadurch unbrauchbar. — Außer dieser „mechanischen" zeigt der elektrische Funke „Wärmewirkungen", sofern er leicht entzündbare Stoffe wie Pulver, Äther, Leuchtgas aufflammen läßt. — Geht der Funke auf den menschlichen Körper über, so wird ein stechender Schmerz empfunden; die Entladung einer stark geladenen Leydener Flasche unter Einschaltung des menschlichen Körpers kann sogar gesundheitschädliche Folgen haben. Deshalb entladet man eine Leydener Flasche nicht durch Annäherung des Fingers an den Knopf, sondern durch einen „Entlader", nämlich einen mit Glasstiel versehenen Metallbügel, dessen Enden Kugeln tragen. Legt man die eine Kugel an die äußere Belegung, so springt bei hinreichender Annäherung der andern an den Knopf der Entladungsfunke über.

4. Das Gewitter.

a. Das Wesen des Blitzes.

Da beim Gewitter die fünf Merkmale des elektrischen Funkens, nämlich die Lichtbahn, das Geräusch, die mechanischen Zerstörungen, die Zündungen und die Nervenerschütterungen, — nur in verstärktem Maße — auftreten, so hält man den Blitz für eine elektrische Funkenentladung, die entweder zwischen einer Gewitterwolke und dem Erdboden oder zwischen zwei Gewitterwolken vor sich geht.

b. Der Blitzableiter.

Diese Auffassung des Blitzes bestätigt sich am Blitzableiter, einer hochragenden, oben zugespitzten Metallstange, die durch Verbindung mit einem in das Grundwasser versenkten Metallkörper Erdanschluß besitzt. Wegen der Spitzenwirkung des Blitzableiters nämlich ist die Entladung vorüberziehender Gewitterwolken zu erwarten, so daß ein Blitzableiter seiner tiefer gelegenen Nachbarschaft Schutz gegen Blitzschläge gewährt, was auch den Tatsachen entspricht.

Vgl. B. Franklin a. a. O. S. 66 § 21 und viele andere Stellen.

c. Die Entstehung des Gewitters.

Die Frage, ob die Erde elektrisch geladen ist, kann in einem Zimmer ohne besondere Vorkehrungen nicht entschieden werden, da die Hohlräume eines Leiters keine Niveauunterschiede haben, die ein Elektroskop nur anzeigt. Schließt man aber auf dem Dach eines Hauses das Elektroskopgehäuse an die Erde, so steigt mit zunehmender Erhebung der zum Knopf geleiteten Probekugel der Ausschlag des Elektroskops. Durch diesen Niveauunterschied erweist die Erde sich als Felderreger und sendet also mit den Bläschen, die ihren Wassermassen entsteigen, beständig Ladungsmengen in die Höhe. Fällt nun eine Unzahl solcher Wasserbläschen, wie es beim Regen geschieht, zu einem Tropfen zusammen, so sinkt bei unveränderter Ladungsmenge die elektrische Kapazität des Wassers ungeheuer und bewirkt eine beträchtliche Veränderung des elektrischen Niveaus, ähnlich als wenn man ein isoliertes Stück Blattzinn schwach ladet, dann aber zusammenrollt (Bild 44). Ob freilich der so erklärte Niveauunterschied zwischen Regenwolke und Erdkörper für kilometerlange Funkenstrecken ausreicht, steht dahin.

5. Übungen.

1) Warum wächst der Ausschlagswinkel eines isolierten Elektroskops, wenn man das Metallgehäuse zur Erde ableitet? — [Satz 25.]

2) Dem Knopf und dem Gehäuse eines isolierten Elektroskops seien große Probekugeln angeschlossen, die zunächst einander berühren. Teilt man dem einen Anschlußdraht positive Ladung mit und rückt die Probekugeln ein wenig auseinander, so spreizen sich die Blättchen mit positiver oder negativer Ladung, je nachdem man das Gehäuse oder den Knopf antippt. Berührt man beides abwechselnd mit dem Finger, so sinken die Blättchen immer weiter zusammen, wobei mit jedem Erdanschluß das Ladungsvorzeichen der Blättchen wechselt. Warum?

3) Wie läßt sich nachweisen, daß, wenn man zwei Glieder der Reihe „Flintglas, Pelzwerk, gewöhnliches Glas, Flanell, Hartgummi, Metalle, amalgamiertes Leder" mit einander reibt, das frühere Glied positiv, das andere negativ elektrisch wird und ebenso viel positive als negative Ladung sich entwickelt? — [Elektroskop mit angeschlossenem Becher.]

4) Hängt man durch kurze Leinenfäden mitten an die Belegungen einer Franklinschen Tafel je ein elektrisches Pendel, so hebt sich das Pendel auf der

Ladungsseite; vertauscht man jetzt die Belegungen in bezug auf den Erdanschluß, so wechseln auch die Pendel ihre Rollen, ein Wechsel, der oft wiederholt werden kann. Warum?

5) Ladet man eine aus Metallbechern hergestellte Leydener Flasche, entfernt mit der Hand die Becher einzeln und setzt danach die Flasche wieder zusammen, so zeigt sie sich noch kräftig geladen. Wo sitzt danach die Flaschenladung?

6) Wie ist Satz 32 mit Hilfe negativer Ladungsmengen auszusprechen?

7) Wie läßt sich mit Hilfe eines Elektroskops prüfen, welcher von zwei Leitern die größere elektrische Kapazität hat?

8) Ändert sich die elektrische Kapazität einer Hohlkugel, wenn man sie mit Quecksilber füllt? Wie lautet die Antwort, wenn die Innenfläche der Hohlkugel mit isolierendem Lack überzogen ist und das Quecksilber Erdanschluß erhält?

9) Wo hat eine positiv geladene Leydener Flasche ihre größte positive Ladungsdichte? Welche Ladungsdichten haben die beiden Seiten der äußeren Belegung? — [Satz 29.]

10) Ein Elektrophor ist eine Hartgummiplatte, die unter sich einen erdangeschlossenen Metallteller und über sich einen isolierbaren Metalldeckel hat. Reibt man die Oberseite der Hartgummiplatte mit Pelzwerk, legt den Deckel auf und hebt ihn nach Berührung mit dem Finger isoliert ab, so zeigt er sich stark positiv geladen. Warum?

11) Wie läßt sich mit Hilfe eines Plattenkondensators entscheiden, ob Luft, Hartgummi oder Glas gleich oder verschieden durchlässig für die elektrischen Kräfte sind?

12) Man entwerfe aus einer Glasscheibe, zwei Lederkissen, zwei Spitzenkämmen und zwei Konduktoren eine Maschine, welche durch Reibung fortlaufend Elektrizität erzeugt. — [Vgl. Aufg. 3.]

13) Inwiefern erfordern die Drehungen der Elektrisiermaschine eine Arbeitsleistung, auch wenn man von der Reibung absieht?

14) Schließt man dem geladenen Konduktor einer Elektrisiermaschine eine Nadel an, so wird eine vor die Nadelspitze gesetzte Flamme beiseite geblasen. Biegt man die zugespitzten Enden eines drehbaren, isolierten Drahtes nach entgegengesetzten Richtungen rechtwinklig um, so daß die rechten Winkel in der Drehungsebene bleiben, und schließt ihn dem geladenen Konduktor einer Elektrisiermaschine an, so weichen die Spitzen zurück und versetzen dadurch den Draht in schnelle Umdrehungen. Warum?

15) Schließt man den Metallboden eines niedrigen Glaszylinders an die Erde, den Metalldeckel an den geladenen Konduktor einer Elektrisiermaschine, so springen in dem Gefäß befindliche Sonnenmarkkugeln lebhaft zwischen Boden und Deckel hin und her. Warum? — Wie muß man zwei Glocken und ein pendelnd aufgehängtes Metallkügelchen aufstellen, damit es durch elektrische Kräfte die Glocken läutet?

16) Nach welchem Punkte hin wird die elektrische Entladung am ehesten erfolgen, wenn eine Gewitterwolke über Gegenstände ungleicher Höhe hinwegzieht? — [Satz 33.]

17) Warum kann man, unter einem Baume stehend, elektrisch getötet werden, wenn der Baum vom Blitz getroffen wird? — [Satz 25.]

18) Als welche elektrische Erscheinung ist das St. Elmsfeuer anzusehen, jener matte Lichtschimmer, der auf den Mastspitzen der Mittelmeerschiffe bisweilen auftritt?

19) Wie groß ist die Ladungsdichte der Zimmerwand?

20) Durch welche Vorrichtung ließe sich in einem Zimmer der elektrische Zustand der Erde feststellen?

———

Fünfter Abschnitt.

Das Galvanielement.

1. Das Quadrantenelektrometer.

a. Die Zambonisäule.

Angeregt durch Untersuchungen Galvanis, entdeckte Volta, daß eine Zinkplatte und eine Kupferplatte verschiedene elektrische Niveaus erhalten, wenn man sie durch ein mit verdünnter Schwefelsäure getränktes Läppchen trennt. Der Niveauunterschied der Endplatten steigt, wenn man mehrere solcher „Voltaelemente" zu einer „Voltasäule" (Bild 25) derartig über einander schichtet, daß stets die verschiedenartigen Metalle einander berühren, also z. B. in jedem Voltaelemente die Kupferplatte oben, die Zinkplatte unten liegt. Eine Vereinfachung der Voltasäule wurde durch Zamboni bekannt gemacht (nicht erfunden). Dabei treten an Stelle jedes Voltaelementes zwei kreisrunde Blättchen aus Gold= und Silberpapier, die mit den Papierseiten an einander geklebt sind. Die hier verwendeten Metalle sind überwiegend Kupfer und Zinn, während die Flüssigkeit durch das wegen seines Salzgehaltes stets etwas feuchte Papier ersetzt wird. Solcher „Zambonielemente" werden tausende so, daß alle Kupferflächen nach derselben Seite hin liegen, in einer gefirnißten Glasröhre über einander geschichtet, deren Enden durch Metallkappen verschlossen sind. Untersucht man den Niveauunterschied beider Metallkappen mit einem Goldblattelektroskop, so zeigt sich: Bei einer Zambonisäule hat das Kupferende ein höheres elek= trisches Niveau als das Zinnende.   **(34)**

Vgl. Abhandlung über die Kräfte der Elektricität bei der Muskelbewegung von Aloisius Galvani (1791). Herausgegeben von A. J. von Oettingen. Leipzig 1894.

Philosophical Transactions. London 1800. — S. 403—431: Alexander Volta, On the Electricity excited by the mere Contact of conducting Substances of different kinds. (Ein französisch geschriebener Brief.)

b. Einrichtung des Quadrantenelektrometers (Bild 26).

Mit Hilfe der Zambonisäule ist ein sehr empfindliches Elektrometer hergestellt worden. Dabei hängt von einer wagerechten Hartgummiplatte ein langer, dünner Draht herab, der an seinem unteren Ende eine wagerechte, 8=förmige „Nadel" aus Aluminiumblech trägt. Unterhalb der Nadel verlängert sich der Draht in einer Achse, an der seitwärts ein lotrechter kleiner Spiegel und unten ein beschwerter Glaskörper befestigt ist. Besagte Achse geht dicht unter der Nadel frei durch die Mitte einer wagerechten, quadratischen Metallplatte, welche durch zwei

Schnitte in vier Quadrate oder „Quadranten" zerlegt ist. Die Scheitel= quadranten sind dauernd mit einander durch Drähte verbunden, im übrigen aber isoliert. Das Ganze ist zum Schutz gegen Luftströmungen in einen Glaskasten eingeschlossen, an dem fünf Klemmschrauben die elektrischen Zuleitungen zu dem Aufhängungsdraht der Nadel und den vier Quadranten vermitteln.

c. Gebrauch des Quadrantenelektrometers.

Zunächst bringt man die Nadel auf ein hohes elektrisches Niveau, indem man den Aufhängungsdraht mit dem Kupferende einer Zamboni= säule verbindet, deren Zinnende zugleich mit beiden Quadrantenpaaren zur Erde abgeleitet ist. Dann dreht man die Hartgummiplatte so lange, bis die Nadel symmetrisch über einem Teilungsschnitt der Metall= platte schwebt. Löst man nun den Erdschluß des einen Quadranten= paars und schließt dasselbe an den zu messenden Leiter an, so wird die positiv geladene Nadel von seiten der Quadrantenpaare in der Richtung vom höheren zum tieferen Niveau angetrieben werden und sich infolgedessen so weit drehen, bis die Elastizität des Aufhängungsdrahtes dem elektrischen Antrieb das Gleichgewicht hält. Zur Dämpfung der Nadelschwingungen läßt man den beschwerten Glaskörper in ein Gefäß mit Schwefelsäure tauchen, die zugleich die Luft des Glaskastens aus= trocknet und dadurch die Wände des Kastens nichtleitend macht. Den Drehungswinkel der Nadel bestimmt man durch Spiegelablesung.

2. Das offene Galvanielement.
a. Erklärungen.

Jede Elektrizitätsquelle von der Art des Voltaelementes, wo nämlich zwei verschiedenartige feste Leiter durch eine Flüssigkeit getrennt sind, heißt ein Galvanielement oder eine Galvanizelle. Die trockenen Plattenteile nennt man Pole, das Galvanielement geschlossen oder offen, je nachdem die Pole durch einen „Schließungsbogen" mit einander leitend verbunden sind oder nicht. Mehrere Elemente lassen sich auf verschiedene Arten zu einer „Galvanibatterie" vereinen (Bild 27a und b). Verbindet man wie bei der Voltasäule bei jedem Element einen Pol (z. B. Kupfer) mit dem andersartigen (z. B. Zink) des nächsten Elements, so heißen die Elemente hinter einander geschaltet und die unverbundenen Pole des ersten und des letzten Elements die Pole der offenen Batterie; verbindet man hingegen alle gleichartigen Pole mit einander zu je einem Batteriepol, so heißen die Elemente neben einander geschaltet. Vereinfacht wird die Schaltung der Zellen durch den „Zellen= schalter" (Bild 28). Ist derselbe für n Zellen eingerichtet, so trägt er auf einer Hartgummiplatte 2 n getrennte Messingplatten, an welche ein für allemal die 2 n Pole sämtlicher Zellen getrennt angeschlossen sind.

Überbrückt man nun die Plattenabstände durch passend eingesetzte Messingstöpsel, so lassen sich alle nur möglichen Schaltungen der Zellen herstellen. Die äußersten Messingplatten tragen die Batteriepole.

b. Die Grundversuche.

Wir benutzen neben dem Voltaelement das „Bleielement", bei dem eine Bleiplatte und eine Bleisuperoxydplatte in verdünnte Schwefelsäure tauchen. — 1) Verbindet man die Pole eines offenen Bleielementes mit den Quadrantenpaaren des Elektrometers, so zeigt der Ausschlag der positiv geladenen Elektrometernadel für den Bleisuperoxydpol ein höheres Niveau als für den Bleipol an. — 2) Verwendet man statt der Pole eines Einzelelementes die Batteriepole von n hinter einander geschalteten Zellen, so wird der Elektrometerausschlag nmal so groß als bei einem Einzelelemente, so lange der Drehungswinkel der Nadel wenige Grade nicht übersteigt. — 3) Bei neben einander geschalteten Elementen rufen die Batteriepole nur einen ebenso großen Ausschlag hervor wie die Pole eines Einzelelements; auch von der Plattengröße der Elemente ist der Ausschlag unabhängig. — 4) Ein Voltaelement verhält sich wie ein Bleielement, nur ist bei jenem der Ausschlag erheblich kleiner als bei diesem; der Kupferpol des Voltaelements hat höheres Niveau als der Zinkpol; vom Stoff der Verbindungsdrähte aber sind die Elektrometerausschläge unabhängig.

c. Voltas Gesetze.

Um einen Maßstab für die verschiedenen elektrischen Niveauunterschiede zu gewinnen, die bei den Grundversuchen auftreten, setzen wir fest: Elektrische Niveauunterschiede verhalten sich zu einander wie ihre unter gleichen Umständen erzeugten Elektrometerausschläge, so lange letztere nur klein sind.   (35)

Diese Einschränkung im Gebrauch des Elektrometers ist einerseits selbstverständlich, da seine Bauart Ausschlagswinkel über 45^0 nicht zuläßt, und andererseits leicht zu erfüllen, da durch Hebung oder Senkung der Elektrometernadel die Empfindlichkeit des Instruments beliebig abgeändert werden kann. Aus den Grundversuchen folgen dann Voltas Gesetze: 1. Bei einer offenen Galvanibatterie ist der Niveauunterschied der Pole abhängig vom Stoff der Platten und der Flüssigkeit, aber unabhängig von der Größe der Platten und der Zahl der neben einander geschalteten Elemente;   (36)

2. bei hinter einander geschalteten Galvanielementen ist der Niveauunterschied der Batteriepole gleich der Summe der Niveauunterschiede der Elementenpole, welche Verbindungsdrähte man auch verwenden mag.   (37)

Etwas ungenau nennt man bei einem Galvanielement den Pol höheren Niveaus (Kupfer, Bleisuperoxyd) den positiven, den niederen Niveaus (Zink, Blei) den negativen Pol. In den Zeichnungen soll ein Galvanielement durch ⦚| angedeutet werden, wobei | den positiven, ⦚ den negativen Pol darstellt.

3. Das geschlossene Galvanielement.

a. Gasentwickelung als Zeichen des elektrischen Stroms.

Es ist (nach Satz 26) zu vermuten, daß im Schließungsbogen auch eines geschlossenen Galvanielementes vom positiven zum negativen Pol Elektrizität so lange strömt, bis der Niveauunterschied beider Pole aufgehört hat. Jede Vorrichtung zur bequemen Öffnung und Schließung einer Batterie heißt danach ein Stromschlüssel, in den Zeichnungen angedeutet durch ⎍. Als Zeichen für diesen vermuteten elektrischen Strom sieht man die Tatsache an, daß, wenn eine Strecke des Schließungsbogens aus verdünnter Schwefelsäure besteht, au den Enden dieser Strecke eine ununterbrochene Gasentwickelung stattfindet, die erst mit der Unterbrechung des Schließungsbogens, d. h. mit der Öffnung des Elementes aufhört. Um alle chemischen Einwirkungen der Säure auf den Schließungsdraht auszuscheiden, läßt man den Strom an zwei Platinblechen, die in die Wandung des Säureglases getrennt eingesetzt sind, ein= und austreten (Bild 29). Fängt man nun die von beiden Blechen aufsteigenden Gasbläschen in darüber gestülpten, oben geschlossenen Glasröhren auf, so zeigt die chemische Untersuchung: Wird mittels Platinblechen durch verdünnte Schwefelsäure ein elektrischer Strom geleitet, so entwickelt sich an der Eintrittsstelle desselben Sauerstoff, an der Austrittsstelle Wasserstoff und zwar räumlich doppelt so viel Wasserstoff als Sauerstoff. *(38)*

Da der Versuch mit reinem Wasser nicht gelingt, so hält man dieses für einen Nichtleiter; auch erfordert er mindestens zwei hinter einander geschaltete Bleielemente.

b. Die Grundannahme eines Stromkreises.

In dem Ausdruck „elektrischer Strom" wird die Elektrizität mit einer Flüssigkeit verglichen. Hält man an dem Vergleich fest, so ergibt sich eine merkwürdige Anschauung über den Vorgang in einem geschlossenen Galvanielement. Soll nämlich eine begrenzte Wassermenge in einer Röhrenleitung beständig fließen, so muß erstens die Röhrenleitung einen Wasserspiegel mit einem tiefer gelegenen verbinden. Zweitens müssen alle Röhrenquerschnitte, seien sie nun weit oder eng, in gleichen Zeiten von gleichen Wassermengen durchströmt werden, oder, anders ausgedrückt, es muß in allen Querschnitten gleiche Stromstärke herrschen;

denn ginge durch einen Querschnitt beständig mehr Wasser als durch einen folgenden, so würde sich in dem dazwischen liegenden Röhrenteile das überschüssige Wasser endlos anhäufen; im umgekehrten Falle müßte der Wasserinhalt jenes Röhrenteiles endlos abnehmen und daher alsbald der Wasserstrom abreißen. Drittens muß vom niederen zum höheren Spiegel stets ebenso viel Wasser hinaufgepumpt werden, als durch die Röhrenleitung abwärts fließt. Soll nun die Röhrenleitung dem Schließungsbogen eines geschlossenen Galvanielementes entsprechen, so finden wir den höheren und den tieferen Wasserspiegel in dem positiven und dem negativen Pol, die Pumpenanlage in der Flüssigkeit des Elementes wieder. Bezeichnet man ferner einen in Flüssigkeit getauchten Plattenteil als Elektrode und zwar als positiv oder Anode, wenn durch ihn Elektrizität in die Flüssigkeit eintritt, dagegen als negativ oder Kathode, wenn durch ihn Elektrizität aus der Flüssigkeit austritt, so ergibt sich aus dem Wasservergleich die folgende Grundannahme (Bild 30): Bei einem geschlossenen Galvanielement strömt Elektrizität im Schließungsbogen vom positiven zum negativen Pol, in der Flüssigkeit von der Anode zur Kathode und zwar in allen Querschnitten des Stromkreises mit gleicher Stärke. (39)

c. Bestätigung der Grundannahme.

Die Annahme eines elektrischen Stromes, der als Strombahn die Flüssigkeit des geschlossenen Galvanielements benutzt, läßt sich durch das Zeichen der Gasentwickelung als Tatsache erweisen, bei Elementen wenigstens, deren Elektroden ähnlich wie Platinbleche von seiten der Flüssigkeit und des Stromes keine chemische Einwirkung erfahren. Bei einem Voltaelement z. B. tritt mit jedem Stromschluß an der Kupferkathode eine heftige Wasserstoffentwickelung ein, während allerdings der Restbestandteil der verdünnten Schwefelsäure wegen seiner Verbindung mit der Zinkanode sich der unmittelbaren Beobachtung entzieht. Übrigens muß das Zink, um nicht selbst bei geöffnetem Strom durch Berührung mit der verdünnten Schwefelsäure eine Wasserstoffentwickelung zu liefern, gegen die Einwirkung der Säure unempfindlich gemacht werden. Dies gelingt erfahrungsmäßig, wenn das Zink mit verdünnter Schwefelsäure befeuchtet und dann mit Quecksilber eingerieben oder „amalgamiert" wird.

4. Messung der Stromstärke.

a. Das Knallgasvoltameter.

Will man bei der elektrischen Gasentwickelung den Wasserstoff nicht getrennt vom Sauerstoff auffangen, so schickt man in einer verstöpselten Flasche (Bild 31) den Strom durch die verdünnte Schwefelsäure mittels Platinelektroden und läßt die entwickelte Gasmischung

durch eine den Stöpsel durchsetzende Röhre in einen Maßzylinder ent=
weichen. Das aus zwei Raumteilen Wasserstoff und einem Raumteil
Sauerstoff gemischte Gas heißt Knallgas, weil es entzündet unter
heftigem Knall explodiert. Schaltet man in einen Schließungsbogen
mehrere derartige Flaschen von gleicher oder verschiedener Größe ein,
so daß die Elektrizität eine nach der anderen durchströmt, so ergibt sich:
Derselbe elektrische Strom entwickelt aus Schwefelsäure
von verschiedenem Verdünnungsgrad stets die gleiche Knall=
gasmenge. **(40)**

b. Begriff der Stromstärke und der Stromeinheit.

Das chemische Verhalten des elektrischen Stroms ermöglicht es,
verschiedene Ströme mit einander zu vergleichen. Man nennt zwei
elektrische Ströme gleich stark, wenn sie aus verdünnter Schwefelsäure
in gleicher Zeit gleiche Knallgasmengen entwickeln; man nennt einen
Strom n mal so stark als einen zweiten, wenn er in gleicher Zeit n mal
so viel Knallgas entwickelt als der zweite. Die Stromeinheit heißt
Amper (A). Ein Amper entwickelt in einer Stunde 626 ccm
Knallgas von $0°$ und einem Quecksilberdruck von 760 mm.
(41)

Alle Strommeßapparate, die auf dem chemischen Verhalten des
elektrischen Stroms beruhen, heißen Voltameter, der oben beschriebene
Knallgasvoltameter.

c. Das Ampermeter.

Eine stromdurchflossene Drahtspule hat die Eigenschaft, entgegen
der Schwere ein Eisenstück in sich hineinzuziehen und zwar mit um so
größerer Kraft, je stärker der Strom ist, wie ein gleichfalls in den
Stromkreis eingeschaltetes Voltameter erkennen läßt. Der aufgespulte
Draht muß dabei mit einer isolierenden Hülle umsponnen sein, damit der
Strom die Windungen auch wirklich umkreist und nicht von einer
Windung zur nächsten an den Berührungsstellen übergeht. Zum Zweck
der Stromstärkemessung beschwert man mit dem Eisenstück den kurzen
Arm eines stabil aufgehängten zweiarmigen Hebels, dessen langer Arm
als Zeiger auf einer Teilung spielt (Bild 32). Schickt man nun
durch die Drahtspule und das Voltameter (V) Ströme von 1, 2, ...
n A, was durch eine passende Zahl von Bleielementen und Verlängerung
oder Verkürzung des Schließungsdrahtes (W) erfahrungsmäßig sich
genau abgleichen läßt, so liefern die zugehörigen Zeigereinstellungen die
Hauptteilstriche, die weiterhin in Unterabteilungen sich zerlegen lassen.
Ein so geeichtes Instrument heißt Ampermeter und soll, wie alle Zeiger
tragenden Apparate, die zur Messung der Stromstärke dienen, in den
Zeichnungen durch Ⓐ angedeutet werden. Durch die Stromrichtung
wird die Einstellung des Ampermeters nicht beeinflußt.

Vgl. Franz Aragos sämmtliche Werke, deutsch herausgeg. von Hankel. Leipzig 1854. Bd. IV. — S. 335—338: Magnetifirung von Eisen und Stahl durch die Wirkung des Volta'schen Stroms. (1820).

5. Übungen.

1) Wie könnte man mit Hilfe eines Goldblattelektroskops und eines Kondensators den sehr geringen elektrischen Niveauunterschied der Pole eines Bleielementes nachweisen?

2) Welche Vorzeichen erhalten die Ladungen an den Enden einer Voltasäule, wenn man a) ein Ende, b) die Mitte der Säule zur Erde ableitet?

3) Mit Hilfe eines Zellenschalters von der in Bild 28 dargestellten Form sollen folgende Schaltungen vorgenommen werden: a) Sämtliche Zellen hinter einander; b) sämtliche Zellen neben einander; c) hinter einander 2 Gruppen von je 3 neben einander geschalteten Zellen; d) hinter einander 3 Gruppen von je 2 neben einander geschalteten Zellen; e) hinter einander 4 Zellen unter Ausschaltung von zweien. Wie sind die Stöpsel zu setzen?

4) Welche Niveauunterschiede haben bei den in 3) erwähnten Schaltungen die Batteriepole, verglichen mit dem Niveauunterschied der Elementenpole?

5) Wie stark ist ein elektrischer Strom, der 300 ccm Knallgas von 0° und 760 mm Quecksilberdruck in 10 Min. 24 Sek. entwickelt? — [2,765 A.]

6) Wieviel ccm Wasserstoff von 0° und 760 mm Quecksilberdruck entwickelt ein Strom von 3 A in 50 Min.? — [1043⅓ ccm.]

Sechster Abschnitt.

Magnetismus.

1. Der Stahlmagnet.

a. Die Magnetisierbarkeit des Eisens.

Ein Eisenstab erhält dadurch, daß man ihn mit einer stromführenden Drahtspule umgibt, die Eigenschaft, Eisen anzuziehen. Diese Eigenschaft heißt Magnetismus, der Eisenstab ein Magnet oder magnetisch. Ein schmiedeeiserner, umspulter Kern wird unter dem Einfluß des Stromes sehr schnell magnetisch, verliert indessen seinen Magnetismus mit der Stromöffnung (zum größten Teil) wieder nnd wird Elektromagnet genannt; ein Stahlstab dagegen nimmt langsamer den Magnetismus an, verliert ihn aber nach der Stromöffnung nicht wieder und heißt magnetisiert ein „Stahlmagnet"; so wird eine Stricknadel, wenn man sie nur einmal durch eine stromführende Spule zieht, dauernd magnetisch. Man entmagnetisiert einen Stahlmagneten, indem man ihn in seiner ganzen Länge gleichzeitig ausglüht.

Vgl. Arago a. a. O. S. 338—341: Magnetisierung einer Nadel, wenn ein elektrischer Strom durch eine Spirale geleitet wird. (1820).

b. Die Haupteigenschaften der Magnete.

α. Die Tragkraft. Um festzustellen, mit welcher Kraft ein Magnet Eisen anzieht, hängt man ein Stück Schmiedeeisen, den „Anker", an den Magneten und belastet den Anker so lange, bis er abreißt. Die stärkste von dem Magneten getragene Belastung nennt man die Tragkraft des Magneten; dieselbe ist in der Mitte des Magnetstabes gleich null und in der Nähe der Enden am größten. Außer für Eisen zeigt ein Stahlmagnet auch noch eine geringere Tragkraft für Nickel und Kobalt. Je größer die Tragkraft eines Magneten ist, desto stärker magnetisiert nennt man denselben; indessen gibt es für jeden Magneten eine obere Grenze der Magnetisierung, die magnetische Sättigung heißt.

β. Die Richtkraft. Hängt man einen Magnetstab an einem Faden wagerecht auf, so stellt er sich ungefähr in die Nordsüdrichtung; das Stabende, welches dabei etwa nach Norden zeigt, heißt das Nordende, das andere das Südende des Magneten.

γ. Das magnetische Grundgesetz. Nähert man den Enden eines wagerecht hängenden Magnetstabes die Enden eines zweiten Magneten, so zeigt sich: **Zwischen Magnetenden besteht Abstoßung, wenn sie gleichnamig, Anziehung, wenn sie ungleichnamig sind.** *(42)*

Selbst durch Holzblöcke, dicke Mauern und dergleichen hindurch wirkt die magnetische Kraft; so können beim Sixthermometer die Glasmarken täglich durch einen Magneten bis zum Quecksilber hinabgeführt werden, weil ein Stückchen Eisendraht in dieselben eingelegt ist (Bild 47).

c. Die magnetische Verteilung.

Nähert man einem Magnetende einen Eisenstab, so wird letzterer magnetisch. Bei der Entfernung verliert das leicht magnetisierbare Schmiedeeisen seinen Magnetismus (zum größten Teil) wieder, während der schwer magnetisierbare Stahl denselben behält. **Ziemlich dauerhaft und kräftig läßt sich ein Stahlstab magnetisieren, wenn man ihn gleichzeitig mit den ungleichnamigen Enden zweier gleich starken Stahlmagnete von der Stabmitte nach den Enden zu unter spitzen Winkeln mehrmals bestreicht; dabei erregt jedes Magnetende in dem bestrichenen Stabende den ungleichnamigen Magnetismus,** *(43)* ohne übrigens an Tragkraft zu verlieren. Da dicke Stahlstäbe sich nur schwer magnetisch sättigen lassen, so deckt man häufig dünnere, einzeln magnetisierte Stahlplatten zu „magnetischen Magazinen" aufeinander. Durch fehlerhaftes Streichen entstehen bisweilen Magnete, die z. B. an beiden Enden nordmagnetisch und dann in der Mitte südmagnetisch sind, was nach dem magnetischen Grundgesetz sich feststellen läßt; Magnete aber mit nur einer Art von Magnetismus gibt es nicht. Die Magnetisierung des Eisens durch Annäherung an ein Magnet=ende heißt magnetische Verteilung.

d. Zusammensetzung und Teilung von Magneten.

Setzt man zwei gleiche Magnetstäbe mit ungleichnamigen Enden aneinander, so wird die Ansatzstelle unmagnetisch, und es entsteht ein Magnetstab von doppelter Länge. Umgekehrt zerfällt jeder Magnetstab, z. B. eine magnetisierte Stricknadel, in zwei gleiche Magnete, wenn man ihn in der Mitte durchbricht; die Enden der Bruchstelle nehmen dabei die jedem Bruchteil fehlenden Magnetismen an.

2. Das magnetische Feld.
a. Begriff der magnetischen Kraftlinien.

Ein Gebiet, in dem magnetische Kräfte wirken, heißt ein magnetisches Feld. Die Richtung, welche ein frei beweglicher, sehr kurzer und sehr dünner Magnetstab an irgend einer Stelle des Feldes unter dem Ein=fluß der magnetischen Kräfte annimmt, nennt man die Kraftrichtung der betreffenden Feldstelle. Sieht man innerhalb eines starken magnetischen Feldes auf eine wagerechte Glasplatte oder auf wagerecht ausgespanntes Papier Eisenfeilicht, so werden die Eisenstückchen durch die Feldkräfte in kleine Magnete verwandelt und stellen sich also durchgängig in die Richtung der wagerechten Kraftanteile des Feldes. Die Linien, zu welchen sich dabei die Magnetstäbchen wegen der gegenseitigen Anziehung ihrer ungleichnamigen Enden aneinanderreihen, heißen die magnetischen Kraftlinien der Feldebene.

b. Verlauf der magnetischen Kraftlinien.

Bei einem Magnetstabe haben die Kraftlinien auf dem Stabe die Längsrichtung desselben, verlassen in der Gegend des Nordendes nach allen Seiten hin sternförmig den Stab und stoßen, stetig umbiegend, in der Gegend des Südendes wieder von allen Seiten auf denselben (Bild 53). Gewöhnlich sagt man, daß innerhalb des Magnetstabes die Kraftlinien vom Süd= zum Nordende, außerhalb des Stabes vom Nord= zum Südende verlaufen. Bringt man ein Stück Eisen an eine Stelle des Magnetfeldes, so drängen sich daselbst die Kraftlinien aneinander und erzeugen (nach 1, c) da, wo sie in das Eisen ein=treten, ein magnetisches Südende, an der Austrittstelle ein Nordende (Bild 54). Wegen der Tatsache, daß die Kraftlinien von dem Luft=raum nach dem Eisen hin abbiegen, legt man dem Eisen eine größere Durchlässigkeit oder „Permeabilität" für magnetische Kraftlinien bei als dem Luftraum.

c. Kraftröhren und die magnetische Feldstärke.

Durch den Umfang einer sehr kleinen Fläche gehen in einem Magnetfelde unendlich viele Kraftlinien, die eine „Kraftröhre" einschließen. Durch jede Stelle solcher Röhre läßt sich ein kleinster ebener Schnitt legen, welchen wir den Querschnitt der Röhre an eben jener Stelle nennen. — Überläßt man in einem Magnetfelde ein frei bewegliches Magnetstäbchen, nachdem es ein wenig aus seiner Kraftlinienrichtung herausgedreht worden ist, der Einwirkung der magnetischen Kräfte des Feldes, so vollführt das Stäbchen Schwingungen um seine Kraftlinienrichtung wie ein Pendel. Der hierbei gewonnenen Geschwindigkeit entspricht ein Arbeitsverlust der magnetischen Kräfte, der bei unveränderter Schwingungsweite mit der Größe der Kräfte wächst. Da aber Arbeitsverluste und Geschwindigkeitsgewinste einander gleichwertig sind, so herrschen an verschiedenen Stellen eines Magnetfeldes desto größere „magnetische Feldstärken", je schneller daselbst die Schwingungen eines frei beweglichen Magnetstäbchens verlaufen. Vergleicht man nun die Schwingungsdauern des Stäbchens an verschiedenen Stellen einer Kraftröhre mit einander, so ergibt sich: An verschiedenen Stellen einer Kraftröhre herrscht eine um so größere magnetische Feldstärke, je kleiner daselbst der Röhrenquerschnitt ist.

$$(44)$$

d. Der Hufeisenmagnet.

Die Kraftröhren, welche zwischen zwei ungleichnamigen Magnetenden verlaufen, sind um so enger, je kürzer einerseits der Abstand der Magnetenden und je größer andrerseits die Permeabilität des dazwischen liegenden Raumes ist. Legt man daher vor die beiden Enden eines Magnetstabes, der in „Hufeisenform" gebogen ist, denselben Anker, so entsteht ein „magnetischer Kreis", dessen Inneres Kraftröhren von sehr geringem Querschnitt und daher sehr bedeutende Feldstärken aufweisen muß. In der Tat übersteigt die Tragkraft eines Hufeisenmagneten die doppelte Tragkraft nur eines Magnetendes nicht unbeträchtlich.

3. Erdmagnetismus.

a. Das magnetische Erdfeld.

Aus der Richtkraft wagerecht hängender Magnete folgt, daß die Erdoberfläche ein magnetisches Feld ist. Als den felderregenden Magneten vermutete Gilbert (um 1600) den Erdkörper.

b. Die Deklination.

α. *Die Deklinationsnadel.* Ein wagerecht hängender Magnetstab weicht von der Nordsüdrichtung um einen spitzen Winkel ab, der Mißweisung oder Deklination heißt. (45)

Die Richtung des sehr dünnen Magnetstabes nennt man den magnetischen Meridian des Aufhängungsortes im Gegensatz zum astronomischen. Da der Magnet als Kompaß der beste Wegweiser des Schiffers ist, hat man die Deklination für möglichst viele Punkte der Erdoberfläche bestimmt. Um eine Drillung des Aufhängungsfadens auszuschließen, läßt man den Magneten mit einer harten Kuppel, dem „Achathütchen", einer lotrechten Nadelspitze aufliegen und so wagerecht schweben. Um ferner erstens die Reibung des Achathütchens auf der Nadelspitze zu verringern, um zweitens die Richtung des Magneten sicher beobachten zu können, um drittens die magnetische Sättigung zu erleichtern, stellt man den Magneten in der Form eines sehr lang gestreckten gleichseitigen Vierecks aus dünnem Stahlblech her; das Nord= ende ist gewöhnlich blau angelassen. Solchen zur Bestimmung der Deklination geeigneten Magneten nennt man eine Deklinationsnadel (Bild 45).

Die Deklination war bereits um 1100 den Chinesen bekannt.

β. *Die astronomische Nordsüdrichtung* eines Ortes fällt in den kürzesten Schatten, welchen die Sonne von einer lotrechten Strecke, z. B. dem (5 cm hohen) Ständer einer Deklinationsnadel, auf eine wagerechte Unterlage wirft. Zur Vergleichung der Schattenlängen be= schreibt man auf der Unterlage um den Mittelpunkt der Ständerfuß= platte einen Kreis und bezeichnet auf ihm die beiden Punkte, durch welche an einem Tage der Schatten der Nadelspitze läuft (Bild 50). Durch die Mitte des so abgegrenzten Kreisbogens und den Mittelpunkt des Kreises geht dann (ziemlich genau) die Mittagslinie (NS). Genauer verfährt man, wenn man aus den Richtungsergebnissen verschiedener Kreise den Mittelwert nimmt.

γ. *Die Bestimmung der Deklination* gelingt wegen zweier Schwierigkeiten nicht einfach dadurch, daß man den zwischen der Dekli= nationsnadel und der astronomischen Nordsüdrichtung liegenden Winkel auf einer Gradteilung abliest. Da nämlich erstens die Umdrehungsachse der Deklinationsnadel im allgemeinen nicht genau in den Mittelpunkt der Kreisteilung fällt, so ergibt sich ein Ablesungsfehler, der Exzentrizitäts= fehler heißt. Derselbe wird vermieden, wenn man aus den Ablesungen beider Nadelspitzen den Mittelwert nimmt. [Zum Beweise dafür be= zeichne man den Mittelpunkt der Kreisteilung mit M (Bild 51), die Umdrehungsachse der Deklinationsnadel mit A, die Punkte, in welchen der Kreis von der durch A gelegten Nordsüdrichtung geschnitten wird, mit N und S, die Kreispunkte, auf welche die Spitzen der Magnet= nadel zeigen, mit N′ und S′. Dann ist die Deklination NAN′ oder SAS′ als Außenwinkel des Dreiecks NAS′ gleich der Summe zweier Winkel, die gleich der Hälfte je eines der beiden Ablesungswinkel NMN′ und SMS′ sind; somit $\angle$ NAN′ $= \frac{1}{2}$ (NMN′ $+$ SMS′).] Da zweitens die Mittellinie der Deklinationsnadel von der „magnetischen Achse", der in den magnetischen Meridian sich stellenden Geraden des Magneten nämlich, um den Winkel α abweichen kann, so wiederholt man die Messung, nachdem das abnehmbare Achathütchen von der Oberseite der Deklinationsnadel auf die Unterseite gesetzt und die Nadel selbst dementsprechend umgelegt ist (Bild 52). Wurde vor der Umlegung die Deklination um α zu groß gefunden, so wird sie nach der Umlegung um α zu klein, so daß der Mittelwert beider Ergebnisse die wahre Deklination liefert. In Berlin wich 1902 die magnetische Nordrichtung von der astronomischen um $9{,}5\,^{0}$ nach Westen ab; diese westliche Deklination vermindert sich gegenwärtig in rund 11 Jahren um je $1\,^{0}$.

c. Die Inklination.

α. *Die Inklinationsnadel.* Ein unmagnetischer Stahlstab, der in seinem Schwerpunkt unterstützt wäre, befände sich im indifferenten Gleichgewicht. Durch Magnetisierung indessen erhält er eine Richtkraft, die nicht nur ihn in die lotrechte Ebene des magnetischen Meridians stellt, sondern zugleich sein Nordende nach unten neigt (Bild 46). Die Kraftlinien des magnetischen Erdfeldes verlaufen somit nicht auf der Erdoberfläche, sondern sind gegen die magnetischen Meridiane um einen spitzen Winkel geneigt, der „Inklination" heißt. *(46)*

Diejenige Gerade eines im Schwerpunkt unterstützten Magnetkörpers, welche sich in die Kraftlinie des Erdfeldes stellt, nennt man die magnetische Achse des Magneten. Bei der „Inklinationsnadel" (Bild 48) steht die durch den Schwerpunkt geführte Umdrehungsachse auf der Ebene des magnetisierten Stahlbleches senkrecht und ist wagerecht durch die Mitte einer Gradteilung geführt, auf welcher die Nadelspitzen einspielen. Der Teilungskreis wird von einem Ständer gehalten, der Stellschrauben und meist auch eine Libelle hat, und ist um eine lotrechte Achse drehbar; der Drehungswinkel wird auf einer wagerechten Kreisteilung abgelesen.

Die Inklination wurde 1544 von Hartmann in Nürnberg entdeckt.

β. *Die Bestimmung der Inklination* beginnt mit der Lotrechtstellung des Ständers; danach wird der Träger der Magnetnadel so lange um seine lotrechte Achse gedreht, bis die Nadel lotrecht steht und damit auf den oberen und unteren 90^{0}-Strich der lotrechten Teilung zeigt. Daran erkennt man (Bild 48), daß von der Magnetstärke des Erdfeldes nur der lotrechte Kraftanteil auf die Nadel wirkt, während der wagerechte (in den magnetischen Meridian fallende) Kraftanteil der wagerechten Umdrehungsachse der Magnetnadel gleichgerichtet ist und also die Richtung der Nadel nicht beeinflußt. Dreht man nun, wie auf der wagerechten Teilung abgelesen wird, die lotrechte Achse um

90°, so fällt die Schwingungsebene der Magnetnadel in den magnetischen Meridian, und die Nadel stellt sich in die Kraftlinie des Erdfeldes. Die Ablesungen geschehen alsdann wie bei der Bestimmung der Deklination, wobei die Umlegung der Nadel einfach durch Drehung der lotrechten Achse um 180° bewirkt wird. — Geht, wie dies meistens der Fall sein wird, die Nadelachse nicht genau durch den Nadelschwerpunkt, so fällt der so beobachtete Inklinationswinkel zu klein oder zu groß aus, je nachdem der Schwerpunkt gegen die Achse nach dem oberen oder dem unteren Nadelende hin verschoben ist. Beseitigt wird dieser Fehler, wenn man die Nadel ummagnetisiert d. h. durch Streichen mit Stahlmagneten beide Nadelenden ihre Magnetismen vertauschen läßt; werden danach in der oben beschriebenen Weise die Ablesungen wiederholt, so liefert der Mittelwert die wahre Inklination. 1902 betrug dieselbe in Berlin 66,6°.

d. Die Stärke des Erdmagnetismus.

α. *Die magnetischen Pole der Erde.* Ein vereinfachtes (und darum ungenaues) Bild sämtlicher Inklinationen der Erdoberfläche erhält man, wenn man zu einem dünnen Magnetstabe die Kraftlinien zeichnet und um die Stabmitte eine den Stab umschließende Kugel beschreibt (Bild 49). Wie bei diesem Bilde die Kraftlinie, welche die Kugelfläche senkrecht durchsetzt, in die verlängerte Magnetachse des Stabes fällt, so nennt man auch die Kraftlinie des magnetischen Erdfeldes, welche auf der Erdoberfläche senkrecht steht, die magnetische Achse der Erde. Die beiden Punkte, in welchen die Erdoberfläche von der magnetischen Erdachse geschnitten wird, heißen die erdmagnetischen Pole; und zwar nennt man diejenige Stelle der Erdoberfläche, wo das Nordende der Inklinationsnadel lotrecht nach unten zeigt und wo also die magnetische Kraftlinie des Erdfeldes lotrecht in die Erde eintritt, (fälschlich) den magnetischen Nordpol, die Austrittstelle der lotrechten Kraftlinie den magnetischen Südpol der Erde. Der magnetische Nordpol ist in den Eisgegenden von Nordamerika entdeckt worden; der magnetische Südpol liegt auf dem Südpolarlande, wie aus den Richtungen der dort zusammenlaufenden magnetischen Meridiane zu schließen ist.

β. *Die Horizontalstärke des Erdmagnetismus.* In dem Maße, wie die Kraftröhren des magnetischen Erdfeldes nach den Polen hin enger werden, nimmt auch die Feldstärke des Erdmagneten zu, so daß eine Inklinationsnadel um so schnellere Schwingungen macht, je näher sie den Magnetpolen der Erde steht. Den wagerechten Kraftanteil jener Feldstärke, unter dessen Einfluß also eine Deklinationsnadel ihre Schwingungen vollführt, nennt man die Horizontalstärke des Erdmagnetismus. Da an den magnetischen Erdpolen trotz größter Feldstärke des Erdmagneten die Horizontalstärke auf null sinkt, so verliert daselbst die Deklinationsnadel ihre Richtkraft.

Vgl. für den ganzen Abschnitt das S. 26 angeführte grundlegende Werk von Gilbert.

4. Übungen.

1) Entscheidet man die Frage, ob ein Eisenstab magnetisch ist, besser durch seine Anziehung oder durch seine Abstoßung eines Magnetendes?

2) Wie muß der Unterstützungspunkt einer Deklinationsnadel gegen ihren Schwerpunkt liegen, damit dieselbe trotz der Inklination sich wagerecht einstellt?

3) Läßt man einen Magnetstab von endlicher Länge wagerecht auf Wasser schwimmen, so bewegt er sich nach einem in der Nähe befindlichen Magneten hin, während er im magnetischen Erdfelde keine Vorwärtsbewegung zeigt. Woher rührt der Unterschied, und was folgt aus dem Verhalten des Magneten im Erd= felde für die Stärke seiner beiden Magnetismen?

4) Eine magnetisierte Stricknadel werde durch einen Korken gesteckt, so daß sie, lotrecht im Wasser schwimmend, nur wenig über dem Spiegel emporragt. Welche Bahn wird das obere Stricknadelende beschreiben, wenn man einen langen Magnetstab wagerecht daneben legt und die Bewegung der Nadel durch unten befestigte Papierflügel möglichst stark dämpft?

5) Warum wird ein Eisenstab magnetisch, wenn man ihn in die Inkli= nationsrichtung hält, nicht jedoch, wenn seine Richtung rechtwinkelig zur Inkli= nationsrichtung steht? Wo liegt bei dem magnetischen Stabe das Nordende?

6) Man skizziere, wie die magnetischen Kraftlinien auf einer wagerechten Glasscheibe unter folgenden Bedingungen verlaufen: a. Wenn ein lotrechter Magnetstab unter der Scheibe steht; b. wenn zwei lotrechte Magnetstäbe mit ihren ungleichnamigen Enden die Scheibe von unten berühren; c. wenn beide Magnet= stäbe ihre gleichnamigen Enden oben haben; d. wenn in b. zwischen den oberen Magnetenden die Fußplatte eines eisernen Pfundstückes sich befindet; e. wenn statt des Pfundstückes ein wagerechter Eisenring verwendet wird.

7) Auf einem Umkreis von wenigen Quadratkilometern der Erdoberfläche haben die erdmagnetischen Kraftlinien merklich gleiche Richtung. Welche Aussage über die Größe und Richtung der erdmagnetischen Horizontalstärken folgt daraus für solch ein Gebiet?

Druck von E. Buchbinder in Neu=Ruppin.

Additional material from *Physikalische Grundbegriffe*
978-3-662-31925-3, is available at http://extras.springer.com